혼자 해보는 어린이 과학실험

<실험으로 과학의 원리를 배운다>

과학문화총서 시리즈 1 — 이 책은 과학의 대중화를 위해 한국과학문화재단에서 기획한 '과학문화총서 시리즈' 첫번째이며, 과학문화재단의 지원을 받아 발간되었습니다.

혼자 해보는 어린이 과학실험

실험으로 과학의 원리를 배운다

편저자 : 윤　실 (이학박사)
그　림 : 김승옥

전파과학사

<청소년을 위한 즐거운 실험 관찰 공작>

차 례

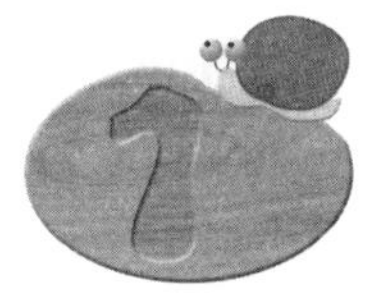

식물과 동물, 환경

전기와 자기, 빛과 소리

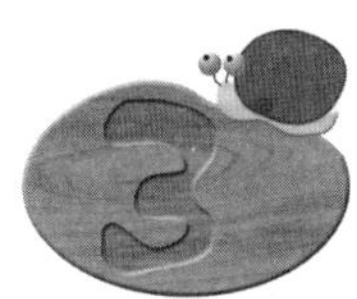

에너지와 운동

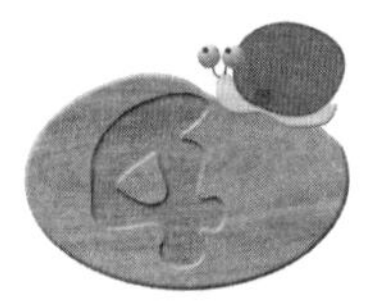

화학변화와 물질의 성질

우주, 지구, 기상

머리말

과학이란 세상에서 일어나는 온갖 자연현상에 대해 의문을 가지고 그 해답을 찾아내는 학문입니다. 과학을 좋아하는 청소년은 이 과목이 재미있기 때문에 즐겁게 공부합니다.

과학자는 어떤 문제를 발견했을 때 실험이나 관찰을 통해 그것을 확실하게 증명하고, 의문을 해결하도록 연구하는 사람들입니다. 실험실이 아니더라도 집이나 야외에서 할 수 있는 내용으로 꾸민 이 <실험, 관찰, 공작> 책은 여러분을 과학자로 이끌어갈 것입니다.

실험상의 주의

1. 각 실험을 할 때는 먼저 전체를 조심스럽게 읽어 실험 내용을 완전히 이해한 뒤에 준비물을 차리고 순서(실험 방법)에 따라 합니다.
2. 실험에 쓰이는 '준비물'은 전부 옆에 가져다 놓은 뒤에 시작합니다. 그런데 준비물은 이 책에서 지정한 것과 똑같지 않더라도 응용하여 다른 것으로도 할 수 있습니다.
3. '실험 방법'(순서)은 잘 지켜야 합니다. 그리고 안전에 특히 주의해야 합니다. 만일 손수 하기 어렵거나 위험한 일이라고 생각되면 부모님의 도움을 받도록 해야 합니다.
4. '실험 결과'에서는 실험의 답을 쓴 것도 있지만, 많은 것은 직접 실험하여 그 해답을 여러분이 찾아내야 합니다.
5. 과학실험은 정확해야 하므로 길이, 무게, 부피 등을 측정할 때는 정확하고 세심하게 합니다.
6. 여러분이 직접 해본 실험의 내용과 결과 및 의문사항 등은 반드시 기록으로

남기도록 합니다. 여러분이 오늘 가진 의문이 뒷날 매우 중요한 연구과제가 될 수 있기 때문입니다.

7. 수학적으로 풀어야 할 것에 대해서는 스스로 할 수 있는 범위까지 해보도록 합니다. 과학자는 수학공부도 잘 해야 하는 이유를 여러분은 실험 중에 알게 될 것입니다.

청소년들이 하는 과학 실험과 관찰 그리고 공작은 첫째로 쉬운 방법으로 짧은 시간에 재미있게 해볼 수 있어야 하며, 학교 실험실까지 가지 않고도 집에서 구할 수 있는 재료로 할 수 있어야 합니다. 또한 실험 내용은 독자들로 하여금 과학에 대한 탐구심을 더욱 불러일으키도록 해야 하며, 관찰 대상은 주변에서 쉽게 보거나 채집할 수 있는 것이어야 도움이 됩니다. 이 책은 바로 그러한 목적에 알맞도록 만들었으며, 여기에 소개된 갖가지 실험, 관찰, 공작은 하나하나가 과학논문처럼 마련되어 있습니다.

이 책에 실린 실험들은

* 직접 해볼 수 있는 것들이며, 재미있고 어렵지 않습니다.
* 주변에서 쉽게 구할 수 있는 재료와 도구로 하도록 꾸몄습니다.
* 교과서에 나오지 않는 중요 과학 내용까지 실험을 통해 익히도록 했습니다.
* 관련된 중요한 과학정보도 함께 소개하여 더 많은 지식을 가질 수 있도록 했습니다.
* 실험 내용은 가능한 안전상 위험이 없도록 꾸몄습니다. 그러나 예기치 못한 일이 일어날 수 있으므로 부모님이나 선생님이 지켜보는 곳에서 함께 실험하도록 합시다.

내용의 구성

이 책의 실험 내용은 다음과 같이 5개의 항목으로 구성했습니다.

1. 제목과 부제목 - 실험의 제목과 실험을 하는 이유를 간단히 나타냅니다.
2. 준비물 - 실험, 관찰, 공작에 필요한 재료를 모두 표시합니다.
3. 실험 목적 - 무엇을 알기 위해서 이 실험을 하는지 그 목적을 나타냅니다. 과학논문의 '서론'과 비슷합니다.

3. 실험 차례 - 실험을 성공적으로 해가는 과정을 순서대로 보여줍니다.
4. 실험 결과 - 실험을 통해 알게 된 사실(결과)을 말해줍니다.
5. 연구 - 실험과 연관된 중요한 내용을 추가로 설명하면서, 실험 후 새롭게 생길 수 있는 의문들도 적었습니다. 독자들은 이 외에도 더 많은 질문이 생길 것이며, 이들 의문에 대한 답은 실험을 계속해 가는 동안 알게 되거나, 상급학년으로 오르면서 차츰 배우게 될 것입니다.

이 책에 소개된 실험을 하면서 제목과 목적, 실험 차례, 실험 결과, 연구(토론) 등을 별도 노트를 준비하거나, 컴퓨터 파일을 만들어 기록해 두는 습관을 가진다면, 그것은 진정한 과학자의 태도입니다. 그리고 이 책의 내용보다 더 좋은 방법으로 실험할 수 있는 방안을 고안해내는 것 또한 과학 어린이의 정신입니다.

이 책에 실린 실험, 관찰, 공작의 자랑

책을 읽기만 하여 배운 과학 지식은 한순간이 지나면 대부분 잊어버립니다. 그러나 직접 실험해본다면,

1. 어려워 보이던 자연의 법칙과 원리를 쉽게 이해하며, 한번 익힌 것은 영구히 잊지 않도록 머리 속에 기억됩니다.
2. 온갖 현상을 과학자처럼 관찰하고 생각하는 능력과 태도를 가지게 합니다.
3. 많은 궁리를 깊이 함으로써 창조력이 넘치는 발명 발견 능력을 가진 훌륭한 과학자로 성장하게 합니다.
4. 실험은 할수록 더 많은 의문을 가지게 하며, 동시에 더 많은 것을 알고 싶어하는 지식욕을 가지게 합니다.
5. 문제들을 깊이 분석하고, 논리적으로 생각하고, 추리하고, 파헤치는 능력을 기릅니다.
6. 계획성 있는 버릇을 갖게 하며, 무슨 일을 하더라도 높은 해결능력을 가진 사람이 되도록 합니다.
7. 손수 실험한다는 것은 스스로 공부하고 일하는 독립정신을 길러줍니다.
8. 실험한 내용을 노트나 컴퓨터에 기록하는 습관은 일을 정확하고 정직하게 처리하는 훌륭한 과학자의 정신과 태도를 길러줍니다.
9. 자연을 관찰하고 환경에 대한 지식을 가지면 자연스럽게 훌륭한 환경보호자

가 됩니다.

10. 실험, 관찰, 공작을 해보는 동안 저절로 훌륭한 솜씨를 가지게 하고, 각종 안전사고와 위생 문제 등에 대비하게 하여 자신과 가족을 잘 보호하도록 합니다.

부모님에게

이 책은 각 항목마다 과학지식과 원리를 지도하는 동시에 다른 많은 과학적 아이디어와 의문 사항을 제공합니다. 이것은 청소년들로 하여금 과학에 대한 흥미를 더욱 북돋우고, 동시에 장차 과학자가 될 꿈을 갖게 하는 것을 목적하고 있습니다.

그러므로 부모님은 이 책의 내용대로 실험하고 관찰하는 자녀들의 안전을 지켜주는 동시에, 실험한 내용과 결과를 정확하게 기록하는 습관을 자녀들이 가지도록 장려하기 바랍니다. 왜냐하면 그것이 논리적으로 생각하고 정리하는 과학자의 기본 정신이기도 하려니와, 그렇게 하는 동안에 더 많은 과학적 의문과 아이디어를 이끌어낼 수 있기 때문입니다. 또한 그러한 기록 훈련을 통해 청소년들은 자연스럽게 논술 능력을 향상시켜갈 것입니다.

보고 싶은 과학책을 도서관이나 서점에서 찾을 때

1. 과학책은 도서 분류번호 500-599 범위에 있습니다.
1. 먼저 책의 제목을 보고 읽기 원하는 책인지 확인합니다.
1. 페이지를 펼쳐 큰 제목과 그림 또는 사진이 흥미를 끄는지 봅니다.
1. 내용의 일부분을 읽어 자기가 이해할 수 있는 수준의 책인지 확인합니다.
1. 찾아보기(인덱스)가 있으면 그 페이지를 열어 관심을 가진 용어들이 있는지 확인합니다.
1. 책이 발간된 연도, 지은이, 출판사, 인쇄 상태, 가격 등을 봅니다.
1. 책은 꼭 머리말을 먼저 읽어보고, 차례를 확인한 후 보기 시작합니다.
1. 여러분이 읽은 책의 제목, 출판사, 출판연도, 지은이, 간단한 독후감 등을 노트나 컴퓨터에 파일을 만들어 기록해둔다면, 뒷날 다른 책을 고를 때나, 다시 참고할 필요가 있을 때 큰 도움이 됩니다.

식물, 동물, 환경

식물은 햇빛을 향해 자란다

— 햇빛 구멍이 있는 상자 속에서 고구마를 길러보자

준비물

- 고구마
- 라면상자 (비슷한 크기의 다른 상자)
- 유리컵
- 이빨 쑤시개
- 접착테이프
- 마분지(판지) 조각

실험 목적

식물의 줄기는 모두 위쪽으로 자란다. 만일 햇빛이 위에서 비치지 않으면 어떻게 자랄까? 이 의문을 실험으로 확인해보자. 이 실험은 결과가 즉시 나오는 것이 아니고, 식물이 자라는 기간(2, 3주)이 필요하다. 실험 기간 동안 여러분이 준비한 실험 세트를 다른 사람이 치우지 않도록 대비하자.

실험 방법

1. 고구마 주변에 그림과 같이 이빨 쑤시개를 꽂아 유리컵 위에 튼튼히 걸치도록 한다.
2. 고구마가 적셔지도록 컵에 충분히 물을 담는다. 컵의 물은 줄지 않도록 매일 확인하고 보충해주어야 한다.
3. 라면상자의 한쪽에 그림과 같이 직경 8센티미터 정도의 둥근 구멍을 뚫는다. 구멍을 낼 때는 어른의 도움이 필요할 것이다.
4. 라면상자 안에 판지 조각과 접착테이프를 이용하여 2, 3개의 칸막이를 그림처럼 만든다. 이때 판지 칸막이의 길이는 상자 폭의 3분의 2 정도가 되어야 한다.

5. 고구마가 담긴 유리컵을 구멍 반대쪽에 놓고 뚜껑을 덮은 후, 구멍이 밝은 쪽을 향하도록 하여 안전한 곳에 두고, 몇 주일 동안 자라는 것을 관찰한다.

주의 - 고구마는 표면에 있는 눈이 싹터서 자라게 된다. 그러므로 매일 물을 보충한 뒤 바로 상자를 덮도록 한다. 실험 도중에 고구마 줄기가 여럿 뻗어 나오면 한두 개만 남기고 떼어낸다.

실험 결과

싹이 난 고구마 줄기는 위쪽으로 자라지 못하고 빛이 들어오는 구멍을 향해 판지 칸막이 사이를 누워서 구불구불 자랄 것이다. 빛을 받아 탄소동화작용을 해야 하는 식물은 밝은 곳을 향해 줄기와 잎을 뻗어나간다.

연구

식물의 줄기가 빛을 향해 자라는 성질을 '굴광성'이라고 말한다. 반면에 식물의 뿌리는 언제나 지구의 중심 쪽을 향해 자라기 때문에 이런 성질은 '굴지성'이라 한다.

1. 이 실험에는 줄기가 빨리 자라는 고구마를 이용했지만, 나팔꽃을 작은 화분에서 싹틔워 같은 방법으로 실험해보자.

흰 꽃이 붉은색, 푸른색으로 변한다

— 식물의 줄기는 물이 흐르는 수도관

준비물

- 가위나 과도
- 유리컵 2개
- 붉은 잉크와 푸른 잉크
- 꽃대가 긴 흰색 카네이션

실험 목적

식물의 뿌리가 빨아들인 물은 줄기를 따라 모든 잎과 꽃으로 올라간다. 식물의 줄기나 잎 속은 물이 배달되는 수도관과 같은 물관으로 가득하다. 줄기를 따라 올라가는 물의 이동을 흰 카네이션을 이용하여 관찰해보자.

실험 방법

1. 흰색의 카네이션 꽃대 중간을 가위나 과도를 이용하여 그림처럼 길게 양쪽으로 가른다. (이 작업은 부모님에게 부탁한다.)
2. 두 개의 유리컵에 절반 높이까지 물을 채우고 나란히 놓는다.
3. 물이 담긴 두 컵에 왼쪽은 붉은색 잉크, 오른쪽은 푸른색 잉크를 떨어뜨려 진한 색을 만든다.
4. 두 가닥으로 가른 카네이션의 꽃대가 두 컵에 각각 잠기게 한다.
5. 24~48시간 후에 흰색의 카네이션 꽃이 어떻게 변했는지 관찰해보자.

실험 결과

두 가닥으로 가른 꽃대를 각기 다른 색의 물 컵에 꽂아둔 카네이션은 48시간 정도가 지났을 때, 흰색이던 꽃이 왼쪽 절반은 붉은색, 오른쪽 절반은 푸른색으로 변해 있다.

 연구

식물의 줄기 내부는 물관이 대부분의 자리를 차지하고 있다. 실험에서 왼쪽의 붉은색 잉크에 담긴 꽃대를 따라 올라간 물은 꽃의 왼쪽 부분에 전달되어 붉은 꽃을 만들고, 오른쪽 꽃대를 따라 상승한 물은 오른쪽 부분을 푸른 꽃으로 변화시켰다.

땅속의 물에는 여러 가지 광물질과 비료 성분이 녹아 있다. 이 물은 뿌리의 솜털 같은 뿌리털에서 흡수되어 물관을 따라 식물체의 모든 부분으로 전달된다. 물관은 식물의 혈관인 셈이다. 식물의 줄기나 꽃대가 바람에 잘 꺾어지지 않고 강한 것은 물관을 구성하는 세포벽들이 섬유질로 구성되어 있기 때문이다.

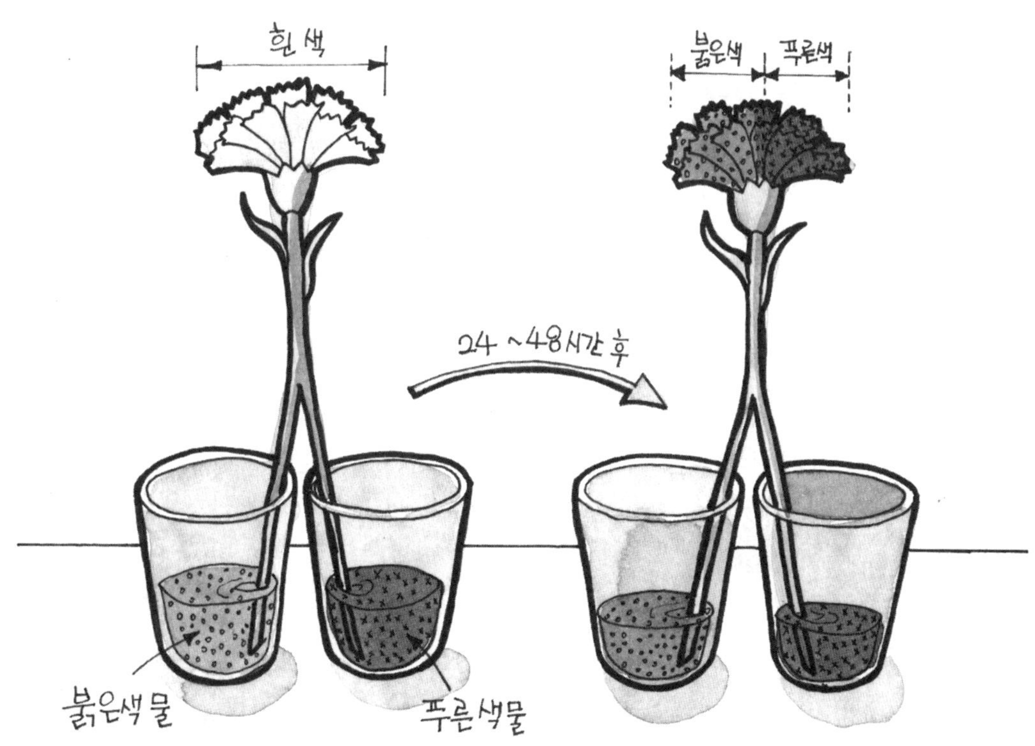

씨가 더 빨리 싹트게 하는 방법

— 껍질이 약해진 씨는 더 빨리 발아한다

준비물

- 버터(마가린)를 포장했던 플라스틱 통 (대용품도 좋음)
- 거친 샌드페이퍼 (80번)
- 헌 가위
- 화분용 흙
- 신선한 콩
- 계란 담는 카톤 4개
- 시계
- 유성 사인펜, 연필, 기록장

실험 목적

씨앗은 내부를 보호하는 껍질(종피)을 가지고 있다. 씨앗이 발아하자면 먼저 이 껍질이 약해져야 한다. 어떤 씨앗은 수분만 젖으면 쉽게 껍질이 약해지지만 인삼이나 잔디, 채송화 등의 여러 가지 씨는 발아하는데 오랜 시간이 걸린다.

일반적으로 껍질이 긁힌 씨앗은 더 빨리 싹트는 것으로 알려져 있다. 콩나물 재배에 쓰는 콩 표면에 상처를 주었을 때 얼마나 더 빨리 싹이 나오는지 실험으로 확인해보자.

실험 방법

1. 마가린 통의 바닥과 뚜껑 안쪽에 크기에 맞도록 샌드페이퍼(사포)를 동그랗게 가위로 잘라내어 접착제로 단단하게 붙인다. 샌드페이퍼는 표면의 거칠기에 따라 여러 단계가 있으며, 번호가 낮은 80번은 거칠고, 번호가 높아질수록 표면이 점점 고와진다.
2. 4개의 계란 담는 카톤에 화분흙을 채우고 콩을 심을 준비를 한다.
3. 샌드페이퍼를 붙인 마가린 통 안에 12개의 콩을 넣고 10초 동안 마구 흔들어 콩의 껍질이 거친 샌드페이퍼에 마모되도록 한다. 이 콩을 1번 계란 카

톤의 12개 구멍에 한 알씩 심는다. 카톤에 '1번-10초'라고 기록한다.

4. 다시 12개의 콩을 30초 동안 흔들어 같은 방법으로 2번 카톤에 심는다. 카톤 뚜껑에 '2번-30초'라고 기록한다.
5. 12개의 콩을 60초 동안 흔들어 3번 카톤에 모두 심고, 뚜껑에 '3번-60초'라고 기록한다.
6. 4번 카톤에는 샌드페이퍼로 갈지 않은 콩을 그대로 심어두고, '갈지 않음'이라 쓴다.
7. 콩을 다 심은 4개의 카톤에 분무기로 골고루 물을 뿌려 흙이 충분히 젖도록 한다. 이것을 사람의 발길이 닿지 않는 그늘진 곳에 둔다. 씨앗이 발아하는 동안은 햇빛이 도움되지 않는다.
8. 4개의 카톤에 매일 스프레이로 물을 골고루 뿌려주면서 각 카톤의 콩이 싹터 나오는 날을 조사하자. 이때 적어도 아침, 저녁 2차례 관찰하여 그 결과를 기록해야 한다.

실험 결과

콩도 마찬가지로 종피(씨껍질)를 샌드페이퍼로 갈아주면 수분을 더 잘 흡수하

여 싹이 빨리 나오게 된다. 이 실험은 4개의 카톤에 심은 콩이 전부 발아할 때까지 계속한다. 각 카톤의 씨 12개는 조건이 같다고 해서 같은 날 동시에 발아하지 않으므로, 실험에서는 매일 조사하여 그 평균 발아 시간을 비교해야 한다.

연구

식물의 종자는 그 종류에 따라 발아를 빨리 하는 것과 매우 오래 걸리는 것이 있다. 군자란의 씨도 발아에 매우 오랜 시간이 걸린다. 늦게 발아하는 씨를 빨리 싹트게 하는 방법이 몇 가지 알려져 있다. 어떤 씨앗은 그 종피를 물리적인 힘으로 갈아주면 되고, 어떤 것은 묽은 염산이나 수산화나트륨과 같은 화학약물 속에 얼마 동안 담가두었다가 심으면 빨리 싹트기도 한다.

1. 봉선화, 나팔꽃, 무, 고추 등의 여러 가지 씨앗을 구해 같은 방법으로 실험해보자.
2. 좀처럼 싹트지 않는 씨앗을 빨리 발아시키는 다른 방법을 선생님과 함께 실험해보자.

마이크로웨이브(단파)가 씨앗에 미치는 영향

— 전자렌지를 거쳐 나온 콩의 발아력은 어떻게 될까?

- 전자렌지
- 12개의 콩(대두)
- 화분의 흙 약간
- 계란을 담는 플라스틱 또는 스티로폼 용기
- 물
- 유성 사인펜과 연필, 노트

실험 목적

"식물에게 음악을 들려주면 잘 자라고, 씨앗은 빨리 싹 튼다." 하는 이야기가 오래 전부터 있었다. 전자렌지에서는 '마이크로웨이브'(단파)라고 부르는 강한 에너지를 가진 전자파가 발생한다. 이 전자파는 씨앗이 빨리 발아하도록 영향을 주지 않을까?

전자렌지에 넣은 음식이 데워지는 것은 이 단파가 물의 분자를 진동시켜 그 마찰로 열에너지를 발생시키기 때문이다 (88페이지 참조). 그렇다면 전자렌지의 전자파(마이크로웨이브)를 너무 오래 쐰 씨앗은 죽어버릴 가능성이 있다. 씨앗이 생명력을 잃는 시간을 실험으로 확인해보자.

실험 방법

1. 플라스틱 또는 스티로폼으로 만든 계란 포장용기에는 12개의 칸이 있다. 각각의 칸 앞에 그림과 같이 0, 5, 10, 15, 20, 25라고 물에 지워지지 않는 유성 사인펜으로 표시를 한다.

2. 0이라고 표시한 곳에는 전자렌지에 넣지 않은 콩을 각각 1알씩 심는다.
3. 2개의 콩알을 넣고 전자렌지에서 시계를 보면서 5초 동안 쬔다. 이것은 5라고 쓴 칸에 넣는다.
4. 같은 방법으로 10초, 15초, 20초, 25초 동안 전자렌지에 넣었던 콩을 각각의 자리에 놓는다.
5. 계란 포장용기 전체에 화분흙을 덮고 골고루 편 뒤, 스프레이로 물을 뿌려 충분히 젖도록 한다. 이때 물을 너무 많이 주면 씨앗이 숨을 쉬지 못해 익사할 수 있다.
6. 12개의 씨앗을 심은 계란 용기를 따뜻한 방안에 두고 흙이 마르지 않을 정도로 매일 스프레이를 해주면서 1주일 정도 관찰해보자. 각 조건에 따라 씨앗은 언제 발아하는가?

실험 결과

이 실험에서 0번의 두 씨앗은 마이크로웨이브를 쏘이지 않았다. 그러므로 이것은 여러 가지 조건을 준 것과 대조할 수 있는 실험의 표준이 된다. 과학자들은 이런 조건을 가진 것을 '대조구'라는 말로 표현한다.

0번의 씨앗은 며칠 후 분명히 발아할 것이다. 한편 단파를 쪼인 씨앗은, 어떤 조건에서는 더 빨리 싹이 나거나, 발아일이 늦어지거나, 아예 발아하지 못하는 결과를 가져올 것이다. 만일 20초 이상 마이크로웨이브를 쏘인 씨앗이 발아하지 못했다면, 그 20초는 씨앗이 죽어버리는 치사 조사량이 된다.

연구

마이크로웨이브를 장시간 씨앗에 쏘이면(조사하면) 씨앗 내부 온도가 높아져 세포들이 모두 익어 생명력을 잃고 말 것이다. 이 실험은 '마이크로웨이브에 오래도록 노출된 씨앗은 고온의 영향으로 죽어버릴 것'이라는 가설을 세우고 실시한 것이다. 많은 연구는 이런 가설을 생각하고, 실험을 통해 그것을 확인하고 있다. 이 실험에서 우리는 콩에 마이크로웨이브를 몇 초나 노출시키면 죽게 되는지, 또는 오히려 싹이 빨리 나게 되는지 등에 대해 알게 된다.

1. 만일 25초를 쬔 씨앗도 발아했다면, 그 시간을 더 연장하여 실험해보자.
2. 만일 전자파를 몇 초 동안 비친 씨앗이 대조구(쬐지 않은 0번)의 콩보다 더 빨리 발아했다면 그 원인은 무엇일까?
3. 다른 종류의 씨앗에 대해서도 같은 방법으로 실험하고 결과를 살펴보자.

콩을 쪼개어 내부를 관찰해보자

— 씨앗은 어떤 구조로 되어 있나

- 알이 크고 얼룩덜룩한 강낭콩 몇 개
- 작은 유리병
- 휴지 조금

실험 목적

'콩 심은 데 콩 나고'라는 속담의 주인공인 콩의 내부 구조를 살펴보면, 식물의 씨앗을 이해하는 기본지식이 될 것이다. 콩 종류 중에서도 알맹이가 큰 것을 선택하여 해부해보자.

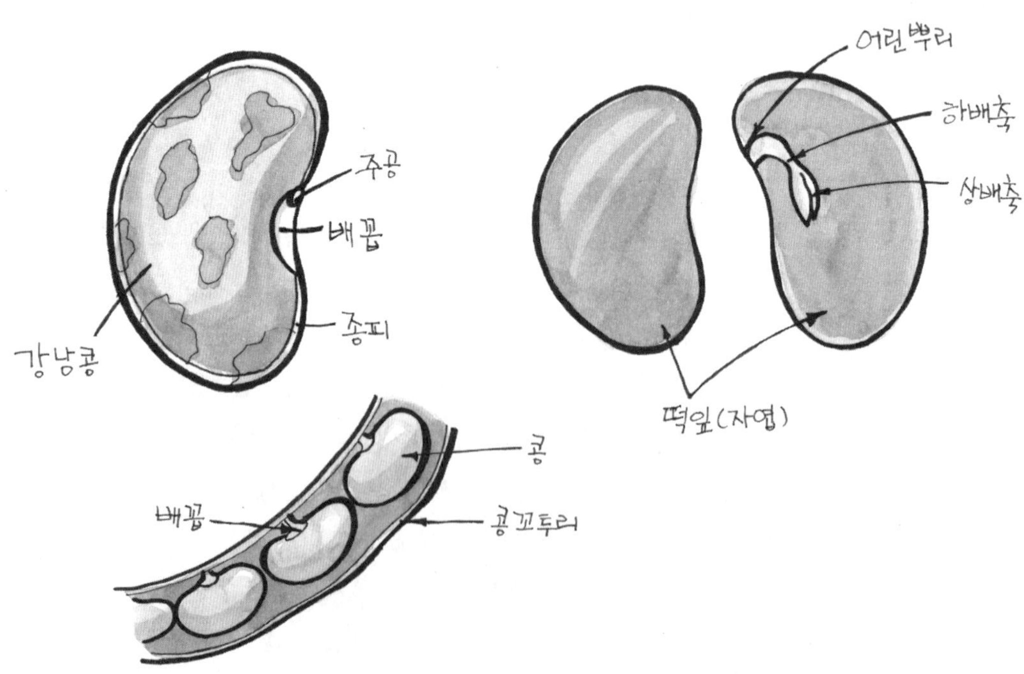

실험 방법

1. 강낭콩의 외부 모양을 그림과 비교하면서 각 부분의 모습과 명칭을 기억하자.
2. 강낭콩 몇 알을 유리병에 담고, 물을 약간 부어 냉장고 속에서 하루 밤을 재운다. 단단하던 콩이 부드러워질 것이다.
3. 병에서 콩을 꺼내어 휴지로 물기를 닦아낸다.
4. 콩의 표면 껍질을 조심스럽게 벗겨내면, 떡잎이 서로 마주 붙은 경계선이 보인다.
5. 이 선을 따라 두 쪽이 열리도록 손톱으로 벌린다. 내부의 구조를 그림과 비교하며 살펴보자. 확대경으로 보면 더욱 자세히 알 수 있다.

실험 결과

1. 콩의 외부 형태를 살펴보면 종피, 주공 그리고 배꼽을 관찰 할 수 있다.
2. 콩을 쪼개면 떡잎 2매와 한 개의 씨눈(배)을 볼 수 있다. 씨눈은 상배축, 하배축 그리고 어린뿌리(유근) 세 부분으로 구분한다.

연구

종피(種皮) - 콩 전체를 싸서 보호하는 외부 껍질

주공(珠孔) - 씨를 맺을 때 꽃가루가 들어간 구멍

배꼽 - 콩이 콩깍지에 붙어 있었던 배꼽. 마치 탯줄이 붙었던 자리와 같다.

떡잎(자엽) - 발아할 때 필요한 영양분을 저장하고 있다.

씨눈(배) - 종자 안에 있는 새 식물이 될 부분. 상배축, 하배축, 어린뿌리로 구성되어 있다.

상배축 - 싹이 트면 최초의 잎이 되는 부분이다.

하배축 - 싹이 트면 줄기와 뿌리가 되는 부분이다.

어린뿌리(유근) - 씨에서 처음 자라 나온 뿌리 부분이다.

콩꼬투리 - 콩은 긴 주머니 모양의 꼬투리 안에 여러 개가 열린다. 콩은 배꼽으로 콩꼬투리에 붙어 있으며, 이 배꼽을 통해 영양분을 받아 굵어진다.

1. 콩꼬투리를 열어 콩이 매달려 있는 모양을 관찰해보자.
2. 감씨나 다른 종자를 쪼개어 내부의 씨눈을 관찰해보자.

꺾꽂이로 식물을 번식시켜보자

— 뿌리를 쉽게 내리는 식물의 증식방법

- 아이비(서양담쟁이)
- 칼이나 가위
- 작은 물 컵 (또는 유리병)

실험 목적

식물은 대부분 종자를 맺어 그 씨로 새 자손을 만드는 종자번식을 한다. 한편 많은 식물은 꺾꽂이, 뿌리 나누기 등의 방법으로 증식시킬 수 있다. 뿌리를 잘 내리는 식물을 이용하여 꺾꽂이법으로 번식시켜보자.

실험 방법

1. 길게 자란 아이비(서양담쟁이) 줄기를 7~10센티미터 정도 되게 가위로 끊어온다.
2. 그림과 같이 위쪽에 잎 2, 3개를 남기고 나머지 잎은 가위로 잘라버린다. 이때 줄기나 잎이 짓이겨지지 않도록 잘 드는 칼이나 가위로 절단한다.
3. 자른 줄기를 컵의 물에 꽂아 방안 밝은 곳에 둔다. 줄기를 자른 날짜를 기록해두자.
4. 뿌리가 처음 나기까지 며칠이 걸리는가?

5. 새 뿌리는 어느 부분에서 발생했는가?
6. 새 뿌리가 나온(발근) 뒤, 새 눈은 어디에서 나오는가?
5. 컵에서 뿌리 내린 것을 흙에 심어 새로운 식물로 키워보자.

실험 결과

아이비는 비교적 뿌리가 잘 내리는 식물이기 때문에 일주일 안팎에 새 뿌리가 나오는 것을 볼 수 있다. 새 뿌리가 발생하는 곳은 가위로 절단한 가지의 끝 부분이다. 그리고 발근(뿌리내림)한 뒤에 며칠이 지나면 잎과 줄기 사이에서 새 눈이 자라나와 줄기와 잎으로 자란다.

뿌리가 2~3센티미터 나왔을 때, 화분에 심어 1주일 정도 그늘에서 키우다가 밖에 내놓으면 건강하게 자라기 시작한다.

연구

포도, 장미, 버드나무, 사철나무 등 수많은 종류의 나무를 꺾꽂이 방법으로 번식시키고 있다. 꺾꽂이법으로 증식시킨 것은 유전적으로 부모와 똑같은 자손이기 때문에 좋은 품종을 대량 늘이는 방법으로 매우 중요하다. 꺾꽂이를 할 때 식물학자들은 뿌리가 더 잘 자라 나오도록 '옥신'이라는 호르몬을 처리하기도 한다.

꽃이 달린 꽃대나 줄기를 자른 것을 '절화'라고 하듯이, 꺾꽂이를 하기 위해 자른 줄기는 '절수'(切樹)라고 부른다. 절수를 만들 때 자른 자리가 짓이겨지면 그 자리가 쉽게 썩어버려 뿌리가 내리기 어렵다.

감자를 증식시켜보자

— 감자는 뿌리가 아니라 변형된 줄기이다

- 건강한 감자 1개
- 과도
- 흙을 3분의 2 정도 담은 대형 커피 병

실험 목적

감자밭을 파 뒤집어 감자를 수확해보면, 뿌리는 따로 있고 감자덩이는 모두 줄기에 매달려 있는 것을 알게 된다. 실제로 감자는 뿌리가 아니라 줄기의 일부가 덩이 모양으로 변형된 것이다. 여기에는 영양분이 가득 저장되어 있다. 그래서 식물학에서는 감자와 같은 것을 '괴경'(덩이줄기)이라 부른다.

감자의 표면을 보면 보조개처럼 옴폭 들어간 곳이 여럿 있다. 이곳에는 다음에 새 싹이 될 눈이 깊숙이 감추어져 있다. 이것은 일반 나무의 줄기에 붙은 잎자루 틈새에 새눈이 미리 만들어져 있는 것과 같다. 감자는 씨를 뿌리지 않고 눈 부분을 잘라내어 심는 방법으로 키우고 있다. 방안에서 감자를 직접 증식시켜보자.

실험 방법

1. 감자를 어두운 곳에 일주일 가량 두면 움푹 들어간 곳에서 새싹이 뾰족 나오는 것을 볼 수 있다. 미리 싹이 나와 있는 감자이면 그대로 쓸 수 있다.
2. 싹이 있는 부분을 중앙에 두고 사방 3센티미터 정도 되게 과도로 잘라낸다. 이 작업은 부모님에게 부탁하여 손을 베는 일이 없도록 한다.
3. 흙을 담은 커피 병 속에 감자조각을 심는다. 이때 흙이 5센티미터 정도 덮이도록 한다.
4. 스프레이로 물을 뿌려 흙이 적당히 젖도록 한다. 물을 너무 많이 주면 감자

가 숨을 쉬지 못해 익사한다.

5. 이것을 2주일 정도 방안 시원한 곳에 두면서 결과를 보자.

실험 결과

감자 조각을 심고 2주일 정도 지나면 흙 표면 밖으로 새눈이 자라나오는 것을 볼 수 있다. 새싹은 감자조각에 저장된 영양분을 양식으로 하여 자라나온 것이다. 감자는 더운 여름보다 비교적 시원한 온도를 좋아하는 식물이다.

연구

감자는 씨를 뿌리지 않고 눈을 따서 심는 방법으로 번식시키고 있다. 큰 감자라면 하나에서 여러 개의 감자 조각을 얻을 수 있다. 눈을 따내어 증식시키는 번식방법을 식물학에서는 '영양번식'이라 한다. 꺾꽂이도 영양번식의 한 가지이다.

수생식물을 길러보자

– 녹조가 자라면 물빛이 초록색이 된다

- 호수나 연못에서 채집한 식물, 또는 수족관 물속에서 자라는 식물 약간
- 커다란 유리병 (꿀이나 김치를 담은 유리병 등)
- 호수 (저수지 또는 연못)에서 떠온 물 1컵 정도

실험 목적

여름철이면 호수나 웅덩이 물이 녹색으로 변해 있는 것을 흔히 볼 수 있다. 물속에 사는 수생식물 중에는 잎과 줄기와 뿌리를 완전히 갖춘 연꽃과 같은 고등식물도 있지만, 하나 또는 소수의 세포로 된 하등식물도 있다. 물속에 사는 하등식물을 조류(藻類)라고 부른다. 호수에서 떠온 물이 며칠 뒤 녹색으로 변하는 것을 관찰해보자.

 실험 방법

1. 호수에서 떠온 물 1컵을 큰 유리병에 담고, 우물물이나 맑은 냇물을 보태어 유리병의 3분의 2 정도까지 채우자.
2. 그 물 속에 연못에서 채집해온 식물이나 수족관에서 구한 수생식물을 조금 넣는다.
3. 이것을 햇볕이 잘 드는 창가에 1~2주일 정도 두면서 물빛이 변하는 것을 관찰하자. 그 동안은 물을 갈지 않는다.

 실험 결과

병에 수생식물을 넣어주는 것은 산소가 많이 발생하여 물 속에 포함되도록 하기 위한 것이다. 병 속의 투명하던 물빛은 날짜가 지나면서 차츰 초록색이 짙어지게 된다. 또한 처음 넣어주었던 수생식물도 더 자란 것을 관찰할 수 있다.

 연구

물속에는 수많은 종류의 조류가 헤아릴 수 없이 살고 있다. 그러므로 연못에서 떠온 물에는 온갖 조류가 들어 있게 마련이다. 조류 중에는 초록빛 엽록소를 가지고 있어 일반 식물처럼 탄소동화작용을 하면서 살아가는 것이 많다. 시간이 지나면 그들의 수가 불어나 물빛은 초록으로 변한다. '클로렐라'는 대표적인 단세포 녹색 조류이며, 박테리아처럼 빨리 증식한다.

늦여름 쯤 되면 남해안 일대에서는 '적조'가 발생하는 경우가 많다. 적조는 붉은 색소를 가진 단세포의 조류가 대량 증식하여 물빛을 적갈색으로 변화시키기 때문에 붙여진 이름이다. 적조가 번성하면, 그들의 몸에서 분비된 성분이 바닷물에 대량 섞여 다른 물고기나 바다생물이 살기 어렵도록 한다.

민물에 사는 녹색의 실처럼 생긴 해캄, 바다의 미역, 김, 파래 따위도 모두 조류에 속한다. 단세포의 녹조는 너무 작아 맨눈으로 볼 수 없다. 현미경으로(100배 정도) 관찰하고, 그들의 모양을 그림으로 그려보자.

나무껍질에 자라는 지의류를 관찰해보자

— 지의류는 왜 북향한 줄기 부분에 많이 생기나?

- 나침반(컴퍼스)
- 고목나무와 그 수피, 또는 바위에 붙어사는 지의류
- 10배 정도의 확대 렌즈
- 물

실험 목적

생물은 모두 물이 있어야 살 수 있다. 그런데도 바싹 마른 바위나 비석, 고옥의 기왓장, 고목나무의 수피 등에 여러 종류의 지의류라는 식물이 살고 있다. 그들은 마치 바위 표면(또는 수피)에 말라붙은 껍질 같은 모습을 하고 있기 때문에 지의류(地衣類 : 땅의 옷)라는 이름을 가지게 되었다. 수피에 붙어 자라는 지의류는 왜 나무줄기의 북쪽 부분에 많이 번식하는지 그 이유를 알아보자.

실험 방법

1. 고목나무의 줄기를 둘러보아 지의류가 더 많이 자라는 부분을 찾아내보자.
2. 그 쪽이 북향인지 나침반으로 확인해보자.
3. 지의류는 어떤 모습의 생명체인지 확대 렌즈로 자세히 살펴보자.
4. 바위나 수피에 바싹 마른 상태로 붙은 지의류에 물을 몇 방울 떨어뜨리고 그것의 모양과 색이 변하는 것을 확대 렌즈로 관찰해보자.

실험 결과

고목의 수피에 자라는 지의류는 특히 북향 수피에서 더 많이 발견된다. 그래서 산속에서 길을 잃었을 때, 수피의 지의류를 보고 방향을 대강 짐작할 수 있다.

회색으로 메말라 있던 지의류가 물을 만나면 몸체가 불어나면서 약간의 녹색을 비치게 된다. 지의류에서는 잎, 줄기, 뿌리를 찾아볼 수 없다. 그들은 다발을 이룬 실처럼 생긴 무색의 곰팡이 종류와 동그란 녹조류, 두 가지 식물이 서로 도우며 공생하고 있는 것이다.

곰팡이류는 마치 스펀지처럼 습기를 잘 머금고, 녹조류는 곰팡이가 가진 습기 속에 살면서 광합성을 하여 영양분을 만든다. 탄소동화작용을 하지 못하는 곰팡이는 녹조류에게 물을 제공하는 대신 영양분을 얻어먹는 것이다.

북쪽 방향은 햇빛이 비치지 않기 때문에 곰팡이가 수분을 오래도록 보존하기 좋아 더 많이 번식할 수 있다. 오래된 집의 기왓장에도 북쪽 지붕에 지의류가 더 많이 자라고 있다.

이끼와 지의류는 어떻게 다른가? - 이끼라고 하면 일반인들은 습기 찬 땅이나 수피 등에 사는 하등식물(선태류)을 주로 생각한다. 그러나 이끼에는 '선태류'와 '지의류'가 있으며, 선태류는 육상에 살면서 광합성을 하는 하등식물이고, 지의류는 곰팡이류와 녹조류가 공생하는 것이다.

곰팡이가 잘 자라는 환경을 알아보자

– 곰팡이에게는 영양분과 습기가 필요하다

- 오렌지 2개의 껍질
- 비닐봉투
- 종이봉투
- 고무 밴드

실험 목적

곰팡이는 식물에 속하지만 엽록소가 없어 스스로 살지 못하고 다른 생명체에 기생해야 생명을 유지할 수 있다. 음식에 곰팡이가 생기면 먹을 수 없게 된다. 곰팡이가 어떤 환경에서 잘 자라는지 알면, 곰팡이의 발생을 예방할 수 있다. 오렌지 껍질을 오래 두면 안쪽 면에 푸른곰팡이가 잘 생겨난다. 이것을 이용하여 곰팡이가 좋아하는 환경을 확인해보자.

실험 방법

1. 오렌지 껍질을 되도록 커다랗게 벗겨 30분 쯤 책상 위에 두었다가, 하나의 껍질은 비닐봉투에 담고, 다른 하나의 껍질은 종이봉투에 담는다.
2. 비닐봉투와 종이봉투의 입구를 고무 밴드로 조여 막는다.
3. 두 봉투를 그늘지고 따뜻한 장소에 1주일 정도 두었다가 열어보자. 어느 쪽 오렌지 껍질에 곰팡이가 더 많이 자랐는가? 확인한 후에는 조용히 싸서 쓰레기통에 버리자.

실험 결과

두 봉투를 열어보면, 노랑색의 오렌지 껍질 외부에는 곰팡이가 생기지 않고 안

쪽에만 파란색 곰팡이가 자라 있을 것이다. 종이봉투에 넣은 오렌지 껍질은 말라 있고, 비닐봉투에 넣었던 껍질에만 곰팡이가 생겨 있을 것이다.

연구

우리 주변의 공기 중에는 아무리 깨끗한 장소라 해도 각종 박테리아와 함께 여러 가지 곰팡이의 포자(홀씨)가 헤아릴 수 없이 날아다니고 있다. 오렌지 껍질을 잠시 벗기는 사이에도 여러 개의 곰팡이 포자가 거기에 떨어진다.

메주에 잘 생기는 푸른곰팡이는 오렌지 껍질에서도 잘 번식한다. 비닐봉투로 싼 껍질에 떨어진 곰팡이 포자는 적당한 습기 때문에 곧 발아하게 되고, 팡이실(균사)을 내어 전체에 퍼진다. 푸른색의 가루 같은 것은 푸른곰팡이의 팡이실에서 생겨난 포자들이며, 그 수효는 수억 개이다. 그러나 종이봉투에 담은 껍질은 쉽게 말라버리기 때문에 곰팡이의 포자가 발아하기도 어렵고, 설령 싹이 튼다 해도 습기 부족으로 균사가 잘 증식하지 못한다.

곰팡이는 적당한 온도와 습기를 좋아한다. 만일 환경이 매우 춥거나, 너무 뜨겁거나, 아주 건조하거나, 염분농도가 진하거나, 태양빛이나 방사선이 강하게 쪼이거나, 산소가 없거나 하면 살아가지 못한다.

11 개똥벌레에게 불빛 신호를 보내보자

– 개똥벌레의 불빛은 짝을 찾는 신호

- 손전등
- 개똥벌레를 채집해 담을 유리병
- 개똥벌레

실험 목적

여름철 어두운 밤에 숲 사이를 날아다니며 불빛을 반짝이는 개똥벌레(반딧불이)는 어린이들의 호기심을 끄는 곤충의 하나이다. 개똥벌레는 왜 불빛을 반짝일까? 불빛신호를 내는 시간 간격은 일정한가? 손전등으로 직접 불빛 신호를 보내 그들의 반응을 살펴보자.

실험 방법

1. 개똥벌레는 호수나 개울이 가까이 있는 숲에서 발견할 수 있다. 개똥벌레를 채집하여 유리병에 담는다.
2. 어두운 곳에서 개똥벌레 병을 향해 1초마다 한 번씩 번쩍! 번쩍! 손전등을 적어도 10회 이상 비춰보자. 개똥벌레도 같은 간격으로 빛을 내는가?
3. 다음에는 2초 간격으로, 그 다음에는 3초, 그 다음에는 4초 간격으로 매번 10회 이상 전등을 깜박여 보자.
4. 손전등을 몇 초 간격으로 깜박였을 때, 개똥벌레도 그 간격에 맞추어 발광했는가?
5. 실험이 끝나면 개똥벌레는 숲으로 모두 살려 보낸다.

실험 결과

개똥벌레 또는 반딧불이라고 부르는 스스로 빛을 내는 이 곤충은 딱정벌레에

속하며, 세계적으로 종류가 많다. 우리나라에는 7종이 알려져 있다. 그들은 종류에 따라 1~4초 간격으로 빛을 낸다. 그러므로 빛을 내는 시간 간격만 관찰해도 종류를 대강 구별할 수 있다. 우리나라에 대표적으로 많이 사는 애반딧불이는 2초 정도의 간격으로, 파파리반딧불이는 1.3초(1분에 80회)의 간격, 그리고 늦반딧불이는 지속적으로 빛을 내는 종류이다.

연구

반딧불이는 암수가 다 복부의 끝 쪽에 있는 제2, 제3마디에서 빛을 내는데, 그 빛은 짝을 찾는 신호이다. 그들은 자기와 같은 시간 간격으로 발광하는 상대를 찾는다. 숲이나 풀밭 위를 날아다니는 반딧불이는 날개를 가진 수컷이고, 땅에서 빛을 내는 것은 날개가 없는 암컷인데, 불빛은 암컷이 더 밝게 낸다.

반딧불이의 빛에는 열이 없기 때문에 '냉광'이라고 말한다. 그들이 냉광을 낼 수 있는 것은 발광마디 안에 '루시페린'이라는 화학물질을 가지고 있기 때문이다. 이 물질은 산소와 만나면 특수한 효소의 작용으로 연한 노랑 빛을 내게 된다.

개똥벌레의 유충은 개천 등의 물에서 자라기 때문에 환경오염이 심하면 살지 못한다. 전국적으로 반딧불이가 귀해지자, 어떤 지방에서는 '반딧불이 생태공원'을 설립하여 인공적으로 키운 개똥벌레를 사람들에게 보여주고 있다.

거미는 줄에 걸린 먹이의 크기를 안다

— 거미줄은 정보를 알려주는 통신선이다

- 질긴 실
- 친구

실험 목적

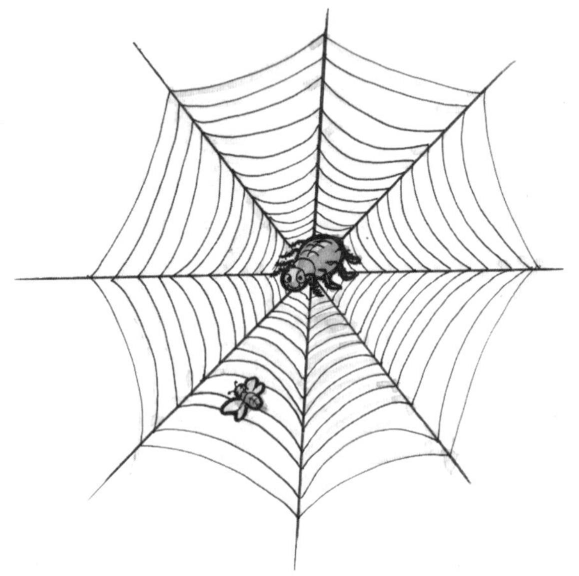

거미는 곤충을 닮았지만 4쌍의 다리를 가졌고 날개와 촉각(더듬이)이 없다. 세계에는 거미류가 약 3만종이나 있으며 살아가는 방법이 매우 다양하다. 일반적으로 거미는 거미줄을 쳐놓고 먹이가 걸려들기를 기다린다. 그들은 어떻게 먹이가 잡힌 것을 알고, 또 먹이의 크기까지 판단할까?

실험 방법

1. 자기의 책상다리와 방문 손잡이 사이를 실로 팽팽하게 연결한다. 이때 매듭으로 매면 느슨할 수 있으므로, 문고리 쪽 실 끝에 무거운 추를 달아 걸어두면 팽팽한 상태로 유지된다. 추로는 물을 담은 플라스틱병을 사용한다.
2. 방문 손잡이 쪽 실에 집게손가락(검지) 끝마디를 가만히 얹어놓고 눈을 감는다.
3. 친구로 하여금 책상 쪽에서 연필 끝으로 실을 살짝, 조금 강하게, 아주 강하게 툭! 치도록 한다.
4. 연필로 실을 약하게 강하게 건드릴 때마다 집게손가락은 강도가 다른 진동을 느끼는가?

실험 결과

연필로 실의 한쪽 끝을 건드렸지만, 그 진동은 반대쪽까지 순간에 전달된다. 연필로 실을 친 강도에 따라 집게손가락은 매번 다르게 진동을 느낀다. 이와 마찬가지로 거미도 줄이 진동하는 정도를 감지하여 작은 모기 종류인지, 보다 큰 파리 같은 것이지, 아니면 나뭇잎 조각이 날아와 붙었는지 구별할 수 있다.

연구

거미줄은 끈끈이가 있어 먹이가 들어붙어 도망가지 못하게도 한다. 또한 거미줄은 실험에 사용한 실처럼 걸려든 먹이의 진동을 전달하는 통신선과 같은 작용도 한다. 거미의 발바닥에는 이런 진동을 민감하게 느끼는 털이 있다. 바람이 불어 생기는 진동인지, 먹이감이 걸려들어 요동하는 진동인지, 아니면 거미줄이 터질 정도로 큰 것이 걸렸는지 판단한다.

거미는 먹이로 적당한 것이 걸렸다고 판단하면 당장 달려가 식사감이 달아나지 못하도록 꽁무니에서 거미줄을 내어 칭칭 감는다. 그리고 먹이의 몸속에 소화효소를 넣어 소화되기를 기다렸다가 천천히 먹는다. 거미는 해충을 잡아먹는 매우 중요한 익충이다.

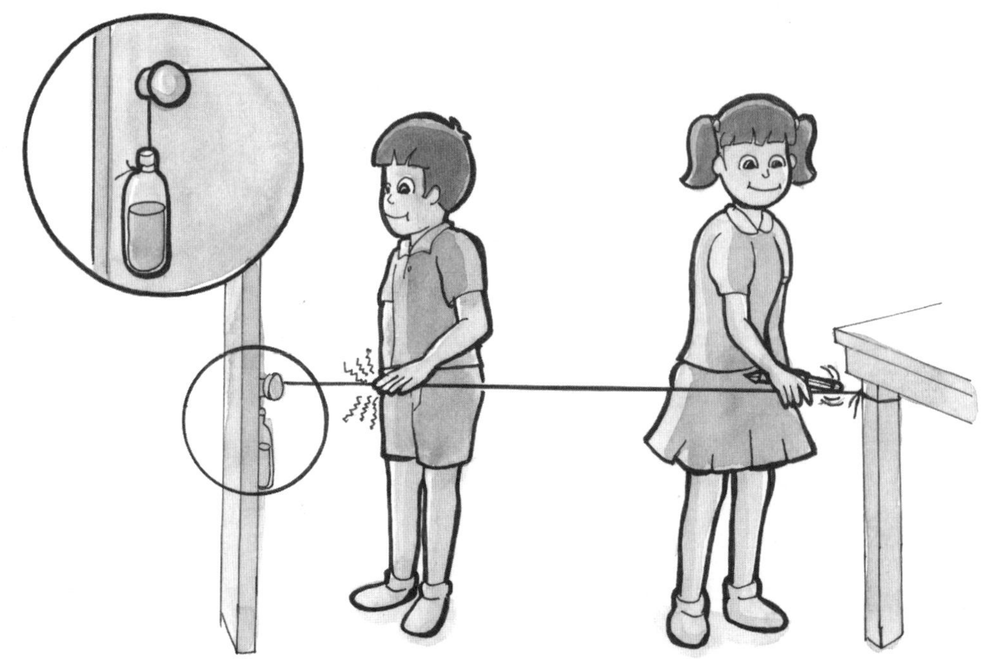

13 죽은 고기는 왜 배를 물위로 드러내는가?

— 죽은 물고기의 뱃속에는 기체가 가득 찬다

- 수돗물
- 지퍼가 달린 플라스틱 봉지 작은 것
- 음료수 스트로
- 큰 대야

실험 목적

물속을 헤엄쳐 다니던 물고기들이 죽으면 가라앉지 않고 허연 배를 드러낸 상태로 물위에 떠오른다. 입구를 막을 수 있는 지프백을 이용하여 그 이유를 실험으로 알아보자.

실험 방법

1. 지프가 달린 플라스틱 봉지(지프백)에 물을 3분의 2쯤 채운다.
2. 봉지의 지프 입구 한쪽 끝에 스트로를 꽂는다.
3. 지프를 스트로가 있는 곳까지 눌러 닫는다.
4. 스트로로 바람을 불어넣어 지프백 속의 나머지 빈자리를 공기로 채운다.
5. 스트로를 빼내고 지프를 완전히 봉한다.
6. 큰 대야에 물을 가득 담는다.
7. 그 물에 지프백을 놓아보자. 공기가 든 지프백은 어떤 상태로 물위에 떠 있게 되는지 관찰해 보자.

실험 결과

지프백은 공기가 든 부분을 수면으로 내놓고 둥둥 뜨게 된다.

연구

물고기의 뱃속에는 미생물들이 살고 있으며, 이들은 물고기가 잡아먹은 음식물을 분해하여 양양분이 되게 하는 역할을 한다. 만일 물고기가 죽게 되면, 그 박테리아는 당분간 살아서 음식물 소화 작업을 계속하고 있다. 음식물이 분해되면 이산화탄소와 다른 가스들이 발생하여 물고기의 내장 안에 가득 차게 된다. 마치 지프백의 공기가 든 부분이 물위에 뜨듯이, 물고기도 수면 밖으로 팽팽해진 배를 드러내고 떠오르게 된다.

물고기의 소화기관 옆에는 부레라고 부르는 공기주머니가 있다. 이곳에는 주로 산소가 들어 있으며, 부레 안의 공기 양을 조절하여 수심이 다른 곳으로 옮겨다닌다. 물고기 중에 깊은 바닥에 사는 것과 상어나 가오리 등에는 부레가 없다.

사막의 동물은 더운 낮 동안 땅속에서 지낸다

— 지하의 온도는 지상보다 서늘하다

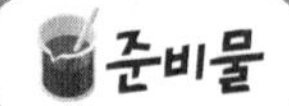

- 수건 1장
- 2개의 온도계
- 꽃삽

실험 목적

뜨거운 햇볕이 내려쬐는 사막에서는 낮 시간이 되면 그 기온이 섭씨 40도를 넘어 50도에 이르기도 한다. 여름날 해수욕장에서 뜨거운 모래를 맨발로 밟아보면 사막의 지표면 열기를 짐작할 수 있다.

뜨거운 사막이지만, 그런 곳에도 여러 가지 동식물이 살고 있으며, 그들은 혹독한 환경에서 생존하는 독특한 지혜를 가지고 있다. 많은 동물은 낮 동안에는 땅속으로 들어가 지내고 시원해진 밤에만 밖으로 나와 활동한다. 땅속은 얼마나 시원할까?

실험 방법

1. 풀이 자라지 않는 맨땅을 골라 꽃삽으로 온도계를 충분히 꽂을 수 있을 정도로 15센티미터 정도 깊이로 땅을 판다.
2. 온도계를 꽂고 그 위를 수건으로 덮어둔다.
3. 두 번째 온도계는 맨땅에 그냥 둔다.
4. 약 5분 뒤에 두 온도계의 눈금을 읽어보자. 땅에서 꺼낸 온도계는 즉시 눈

금을 보고 기록해야 한다. 어느 쪽 온도계의 온도가 얼마나 더 높은가?

실험 결과

땅의 표면은 태양에너지를 받아 매우 높은 온도가 된다. 그러나 땅속으로는 열의 전달이 잘 되지 않으므로 묻어둔 온도계의 온도가 더 낮다.

연구

태양열이 직접 비치는 물체는 바위이든, 공기이든, 물이든, 철판이든 모두 온도가 높아진다. 땅의 표면도 마찬가지로 직사광선을 받으면 뜨거워진다. 그러나 땅속에 구멍을 파고 들어간 동물들은 직사열을 받지 않으므로 훨씬 시원한 환경에서 지낼 수 있게 된다.

사막에 사는 개구리와 뱀, 곤충과 전갈, 심지어 포유류까지도 낮이면 돌아다니지 않고 땅속에 준비한 구멍에 들어가 더위를 피한다. 만일 더운데도 밖을 나다닌다면, 뜨거운 온도도 견디기 어렵거니와 심한 탈수가 일어나 살기 힘들다.

사막생활을 하는 동물과 식물에 대한 책을 도서관에서 찾아 그들이 살아가는 지혜에 대해 알아보자.

빛과 단물을 좋아하는 곤충을 조사해보자

— 여름철에 곤충을 잘 유혹하는 방법

- 정원이나 현관의 등불
- 정원 탁자
- 사이다
- 과일 껍질
- 5개의 접시
- 꿀물이나 팬케이크 시럽
- 우유

실험 목적

여름철이면 집밖에 켜놓은 외등에 많은 곤충들이 몰려오는 것을 본다. 이것은 여러 가지 곤충들이 빛을 찾아온다는 것을 증명한다. 곤충을 유혹하는 것에는 또 무엇이 있을까? 곤충도 우리처럼 단맛이 나는 것을 좋아할까? 실험으로 확인해보자.

실험 방법

1. 날씨가 맑은 날을 택하여, 똑같은 모양과 크기의 접시 5개를 준비하고, 거기에 물, 우유, 사이다, 꿀물(또는 팬케이크 시럽) 그리고 과일껍질을 각각 담는다.
2. 어두워진 다음, 정원이나 현관의 불빛 아래에 정원 탁자를 놓고, 그 밑 그림자 진 곳에 5개의 접시를 놓아둔다.
3. 1시간쯤 지난 뒤, 각각의 접시에 찾아온 곤충의 이름과 방문객 숫자를 기록해보자. 곤충 이름은 곤충도감을 참고하여 구분해보자. 만일 잘 모르는 곤충이라면, 그 모양과 색, 크기 등의 특색을 기록한다.

실험 결과

꿀물(팬케이크 시럽)나 과일껍질을 담은 접시에 많은 수의 여러 가지 곤충이 몰려올 것이다. 곤충들은 그들의 먹이감인 단맛의 냄새와 과일 향기를 맡고 잘도 찾아온다.

연구

지구상의 동물 중에는 곤충 종류가 가장 많으며, 그들의 특색도 그만큼 다양하다. 여름철에 아이스크림을 흘려둔 곳에는 금방 개미들이 찾아온다. 낮에는 나비들이 주로 꽃의 꿀을 찾아 날아다니고, 밤이 오면 나방이들이 활발하게 활동한다. 밤의 불빛으로 모이는 곤충의 종류는 매우 많다. 과일껍질에도 여러 가지 곤충이 찾아오는데, 그 중에는 초파리와 같은 매우 작은 파리 종류도 있을 것이다. 작은 곤충은 확대경으로 관찰하자.

밝은 불을 켜놓아, 여러 가지 벌레들이 몰려와 타죽거나 물에 빠져 죽도록 하는 해충 퇴치 방법이 있다. 불빛으로 곤충을 유인하는 이런 등불을 '유아등'이라 한다.

1. 곤충은 어떤 방법으로 꿀이 있는 곳을 알까?

2. 왜 어떤 곤충은 불빛을 찾아올까?

3. 여름철 유원지나 정원에 켜놓은 유아등의 구조를 살펴보자.

개미집 입구는 항상 그 자리인가?

— 개미의 굴 파는 습성을 조사해보자

- 개미집 5개
- 몇 개의 나무 꼬챙이
- 연필과 기록장

실험 목적

여름철에 큰 비가 내리고 나면 개미집 입구는 빗물에 떠밀려온 흙이나 모래로 뒤덮이기 일쑤이다. 그러나 날씨가 들면 개미들은 일제히 달려 나와 그들의 굴을 다시 청소하고 입구를 열어놓는 작업을 한다. 개미들이 굴 입구를 새로 만들었을 때, 그 위치는 먼저 있던 자리인가 아니면 조금 다를까 실험으로 확인해보자.

실험 방법

1. 집 근처에서 개미집을 5개 정도 찾아내어, 본래의 개미굴 입구를 알아보도록 십자선(+)이 굴 입구 위에서 직선으로 만나는 위치에 4개의 꼬챙이를 꽂아둔다.
2. 개미굴 구멍 위에 한줌의 흙을 덮어두고, 개미들이 구멍 청소가 끝나도록 기다린다.
3. 그들이 새 입구를 뚫었을 때 그 위치가 동일한지 확인해보자.

- **주의** - 개미 실험을 할 때 개미를 다치게 하거나 집을 크게 부수거나 하는 짓은 하지 않아야 한다.

실험 결과

새로 뚫은 개미굴 구멍이 본래의 위치와 같은지 달라졌는지 확인하려면, 4개의

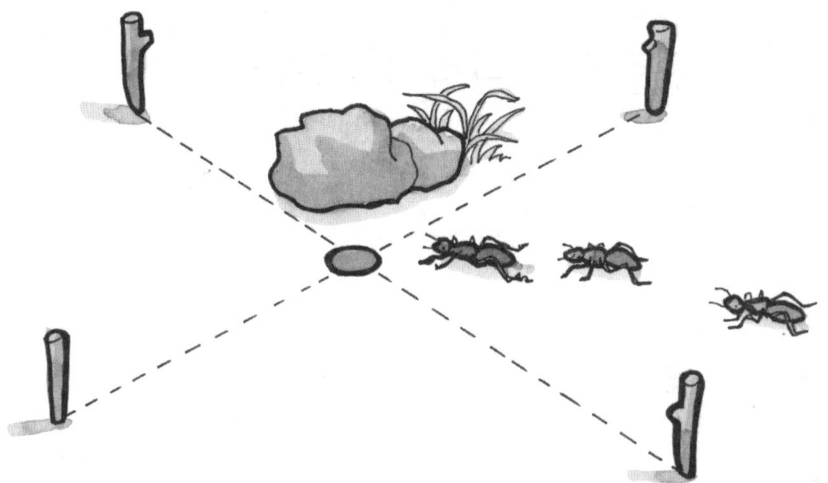

꼬챙이가 서로 연결하는 십자선의 만나는 점과 일치하는지 조금 비켜나 있는지 확인해보면 알 수 있다. 개미들은 대개 같은 위치에 구멍을 다시 뚫지만, 만일 다른 곳이라면 그 이유가 무엇이었는지 주변을 관찰해보자.

 **연구**

1. 개미에도 종류가 매우 많으며, 종류마다 약간씩 다른 생활습성을 가지고 있다. 개미의 생태에 대한 책을 찾아 읽어보자.
2. 개미구멍에 작은 지푸라기를 밀어 넣고 개미들이 그것을 어떻게 청소하는지 관찰해보자.
3. 각각의 개미집 가족이 입구를 새로 정비하는데 시간이 얼마나 걸렸는지 대략이나마 조사하여 재정비 시간을 조사해보자.

동물의 소리를 녹음해보자

– 밤에 활동하는 동물과 낮에 활동하는 동물

- 소형 녹음기
- 연필과 기록장

실험 목적

부모님과 함께 휴양지에서 하루 이틀 지내고 오는 날이 있을 것이다. 많은 사람들은 아름다운 정경을 비디오나 카메라에 담기를 좋아한다. 우리 청소년 과학자들은 작은 녹음기를 들고 가서 새벽에 숲 속에서 우는 새의 소리, 저녁이나 밤에 울어대는 새소리, 개구리 소리, 곤충의 소리들을 녹음하여 각각의 소리가 누구의 노래인지 알아보자. 녹음에 앞서 녹음기를 자유롭게 쓸 수 있도록 사용법을 익혀두자.

실험 방법

1. 동이 트기 전 새벽에 일어나 부모님과 함께 숲에 들어가면 이미 수많은 새들이 지저귀며 하루를 시작하고 있다. 녹음기를 켜고, 자기 목소리로 날짜와 녹음 시간을 먼저 입력한 뒤, 한 가지 새소리를 5분 정도 녹음한다. 다른 새소리가 들리면 다시 녹음 시작시간을 입력하고 녹음한다. 숲길을 걸으면 낮에도 많은 새소리를 녹음할 수 있다.
2. 해가 서산에 지는 시간쯤에는 숲에서 다른 종류의 새소리를 녹음할 수 있다. 물가에 가면 낮에는 잘 듣지 못한 개구리 소리가 들리고, 온갖 곤충도 울고 있다. 이 소리들도 녹음해보자.
3. 아주 어두워진 뒤 한밤에 우는 새들의 소리를 녹음해보자.
4. 녹음한 테이프는 중요한 기록이므로 녹음일과 녹음 장소를 적은 라벨을 붙이고, 지움방지 처리를 하여 보관하도록 하자.

실험 결과

야외에서 녹음한 새와 곤충의 소리를 집에서 재생해 들어보는 것은 야생동물을 관찰하는 매우 훌륭한 방법이다. 산에는 꾀꼬리와 뻐꾸기, 딱따구리, 산비둘기, 개똥지빠귀 등 수백 종의 새가 각기 다른 목소리를 내며 살고 있다. 어떤 새는 이른 아침에 주로 활동하고, 올빼미나 소쩍새는 밤에 활동한다. 만일 여러분이 바닷가나 호숫가에 갔다면 갈매기를 비롯한 바닷새나 오리, 기러기 등의 소리를 녹음할 수 있을 것이다. 녹음할 때는 중요한 사항을 녹음기에 직접 말하여 기록해두면 편리하다.

1. 녹음해온 새소리를 유심히 듣고 새의 이름을 알아보도록 하자. 다음부터는 직접 보지 않고 소리만 들어도 새를 구분할 수 있을 것이다.
2. 시골의 수탉 우는 소리와 개들이 짖는 소리도 녹음해보고, 닭소리와 개소리도 닭마다 개마다 다르지 않는지 확인해보자.
3. 동물백과사전 등을 읽어 밤에 우는 새들의 이름과 습성에 대해 알아보자.
4. 동물학자들이 동물의 소리를 더 잘 녹음하기 위해 어떤 장비와 방법을 사용하는지 유심히 보자. 청소년 과학자는 평소에 전자기구들의 사용법을 잘 익혀두어야 필요할 때 편리하게 이용할 수 있다.

18 석유에 젖은 새는 물위에 뜨지도 못한다

– 깃털이 기름으로 젖은 새들은 죽음이 기다린다

- 1컵의 수돗물
- 식용유 1 스푼
- 스푼
- 1리터 들이 유리그릇
- 1스푼의 세탁용 가루비누

실험 목적

가끔 유조선이 바다에서 난파하여 기름을 쏟으면, 많은 바닷새들이 기름에 젖어 죽게 되는 현장을 안타까이 바라봐야 한다. 기름에 빠진 새는 물에 뜨기조차 어려우며, 체온을 유지하지 못해 죽음을 면하기 어렵다. 기름이 묻은 새들을 구조할 때는 어떻게 해야 할까?

실험 방법

1. 유리그릇에 수돗물을 3분의 2쯤 담는다.
2. 거기에 식용유를 1스푼을 쏟아놓는다.
3. 식용유가 어떤 모습으로 물에 뜨는지 관찰한다.
4. 가루비누 1스푼을 그 물 위에 고르게 뿌린다.
5. 거품이 생기지 않도록 천천히 휘저어준다.
6. 다시 물의 표면을 관찰해보자. 어떤 변화가 생겼나?

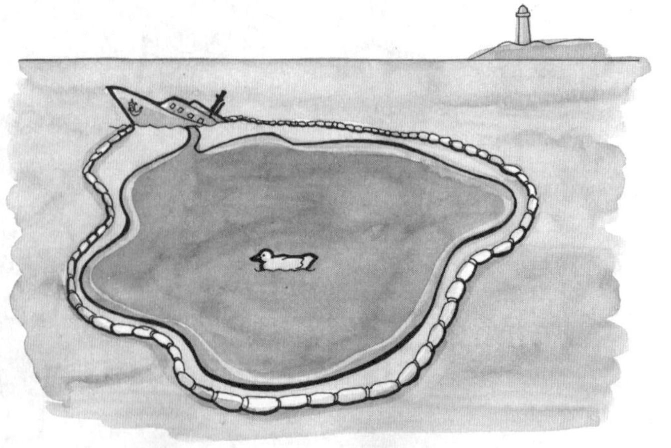

실험 결과

유리그릇의 물에 쏟아 부은 식용유는 표면에 널따랗게 펼쳐져 있을 것이다. 그러나 가루비누를 넣어주면, 기름 일부는 비누와 결합하여 바닥으로 가라앉고, 나머지는 작은 거품 형태로 물 표면을 뒤덮게 된다.

연구

원래 물과 기름은 혼합되지 아니하여, 가벼운 기름이 물 위에 뜬다. 그런데 비누가 들어가면 비누의 분자는 기름과 화학반응을 일으켜 분해시킨다.

새의 깃털에는 자기 몸에서 낸 기름기가 묻어 있어 물에 들어가더라도 젖지 않는다. 따라서 새들은 수온이 차더라도 젖지 않는 깃털이 체온을 잘 유지시켜준다. 그러나 석유로 오염된 바다에 들어간 새의 깃털은 석유에 젖어 날지도 못하고 체온을 유지하기 어렵게 된다.

바다가 석유로 오염되면 그것을 없애기 위해 비누성분을 살포한다. 그러면 기름과 비누가 결합하여 기름 성분은 분해되어 해저로 침전하게 된다.

새를 구조할 때는 건져내는 즉시 입으로 기름이 들어가지 않도록 조치하고, 비눗물로 깃털을 깨끗이 씻어 석유성분을 없앤다. 그 다음, 깃털이 마르고 몸에서 분비된 기름 성분이 깃털을 다시 적셔줄 때까지 따뜻한 곳에서 보호한다.

물의 오염은 수중생물을 못살게 한다

– 물을 오염시키는 행위는 범죄이다

준비물
- 소주잔 정도의 작은 유리컵
- 4리터 들이 큰 유리병이나 유리그릇
- 붉은색 식용 색소
- 안약을 넣는 점적기(드로퍼)

실험 목적

냇물이나 호수에 흘러든 공해물질은 그 양이 적더라도 얼마나 멀리 퍼지며, 물속 동식물에 주는 피해가 어떠한지 실험으로 알아보자.

실험 방법

1. 큰 유리병에 한 잔의 물을 담는다.
2. 여기에 안약 점적기로 식용 붉은 색소 두 방울을 떨어뜨리고 휘젓는다. 물은 붉은 색을 나타낼 것이다.

3. 여기에 1잔, 2잔 … 10잔의 수돗물을 부어보자. 몇 잔 정도의 물을 부었을 때 붉은색이 느껴지지 않을 정도가 되는가?

실험 결과

붉은색으로 오염된 물이 맑은 빛으로 보이려면 적어도 10잔 가까이 수돗물을 부어야 할 것이다. 그러나 붉은 색이 없어졌다고 해서 오염물질이 없어진 것은 아니다. 다만 희석되었을 뿐이다.

연구

공해물질이란 사람이나 다른 생물의 생존을 위협하는 유독물질을 말한다. 이 실험에 쓴 붉은 식용색소는 유해물질은 아니지만, 이 실험을 하기 위해 대용품으로 쓴 것이다. 붉은 염료를 탄 물이 붉게 보이는 것은 붉은색소의 분자가 서로 가까이 많이 있기 때문이다. 공해공장에서 폐수를 냇물에 버리면, 그것이 흘러가는 동안 다른 물과 섞여 맨눈으로 보아서는 오염되었는지 어떤지 잘 모르게 희석된다.

오염된 냇물은 논으로도 들어가고, 지하로 스며들어 우물물이 되며, 호수에 모이면 수돗물로 되기도 한다. 물을 오염시키는 행위는 매우 나쁜 범죄이다. 공해물질을 처리하지 않고 그냥 버리는 현장을 보면 경찰에 신고해야 할 것이다.

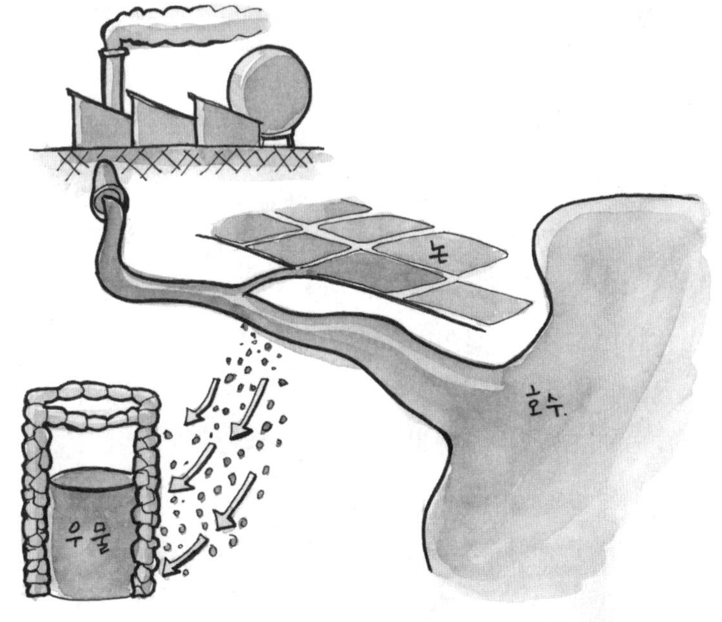

1. 물의 수질오염을 방지하기 위해 어떤 시설을 해야 할까? 이웃에 있는 하수처리장을 견학하여 오염된 물을 깨끗이 만드는 방법에 대해 자세한 설명을 들어보자.

나의 폐활량을 측정해보자

– 큰 호흡을 하면 얼마나 더 많은 공기를 마실까?

준비물

- 1.5리터 들이 이상의 큰 플라스틱 음료수병 (또는 큰 유리 우유병)
- 대야
- 숨을 내쉴 플라스틱 호스 30~40센티미터 (어항 등에 쓰는 것)
- 0.5센티미터 간격으로 25센티미터까지 연필로 눈금을 그린 마스킹 테이프
- 보조자

실험 목적

사람들은 조용히 있을 때는 작은 호흡을 한다. 그러나 운동을 심하게 할 때는 큰 호흡을 계속한다. 수영풀에서 친구들과 숨쉬지 않고 물속에 오래 있기를 겨룰 때는 한껏 숨을 들여 마시고 얼굴을 물속에 잠근다. 나의 폐는 얼마나 많은 공기를 한번에 담아둘 수 있을까? 폐가 공기를 한번에 담을 수 있는 최대량을 폐활량이라 한다.

실험 방법

1. 눈금을 그린 마스킹테이프를 그림처럼 플라스틱 생수병에 길이로 붙인다.
2. 생수병에 물을 가득 채운다.
3. 대야에 물을 깊이 10센티미터 정도 되게 담는다.
4. 물이 가득 담긴 생수병을 얼른 뒤집어 대야 속에 거꾸로 놓는다. 이때 공기가 되도록 들어가지 않도록 한다.
5. 이 병을 보조자가 그 상태로 들고 있게 한다.
6. 물의 수면이 어느 눈금에 있는지 기록한다.
7. 바람 호스의 한쪽 끝은 입에 물고, 다른 쪽 끝을 보조자가 들고 있는 생수

병의 입구로 약간 밀어 넣는다.

8. 보통 때 정도의 숨을 불어 넣어보자. 생수병에 든 물은 들어간 공기의 양만큼 밀려날 것이다. 그때의 마스킹 테이프의 수면 눈금을 읽어 기록한다.
9. 같은 방법으로 이번에는 가슴 가득 숨을 들여 마신 후, 폐 속의 공기를 모두 내쉬어보자. 마스킹 테이프의 눈금이 어디까지 내려갔는가?

실험 결과

평소처럼 내쉰 숨의 양은 얼마 되지 않는다. 그러나 숨을 가득 마시고 내뱉으면 보통 때보다 약 8배나 많은 양의 공기를 내쉬었을 것이다. 폐에 공기가 가득 들어가면 가슴부위와 복부까지 확대된다.

연구

우리의 폐는 몸에서 필요한 만큼의 산소를 흡수하려 한다. 달리기, 수영, 산 오르기 등을 하여 심한 운동을 하게 되면 근육들이 산소를 많이 소비하므로 폐는 큰 호흡을 하여 충분한 산소를 들여 마신다. 이에 맞추어 심장은 더 빨리 박동하여 더 많은 양의 혈액이 필요한 곳으로 가도록 해준다. 그러므로 폐활량이 큰 사람은 산소 소비가 많은 맹렬한 운동을 하기에 유리하다.

피부감각이 예민한 부분을 찾아보자

– 예민한 곳은 아픔도 더 많이 느낀다

- 연필 두 자루
- 접착테이프
- 보조자

실험 목적

우리의 몸은 부위에 따라 촉감을 느끼는 정도가 다르다. 촉감이란 피부에 어떤

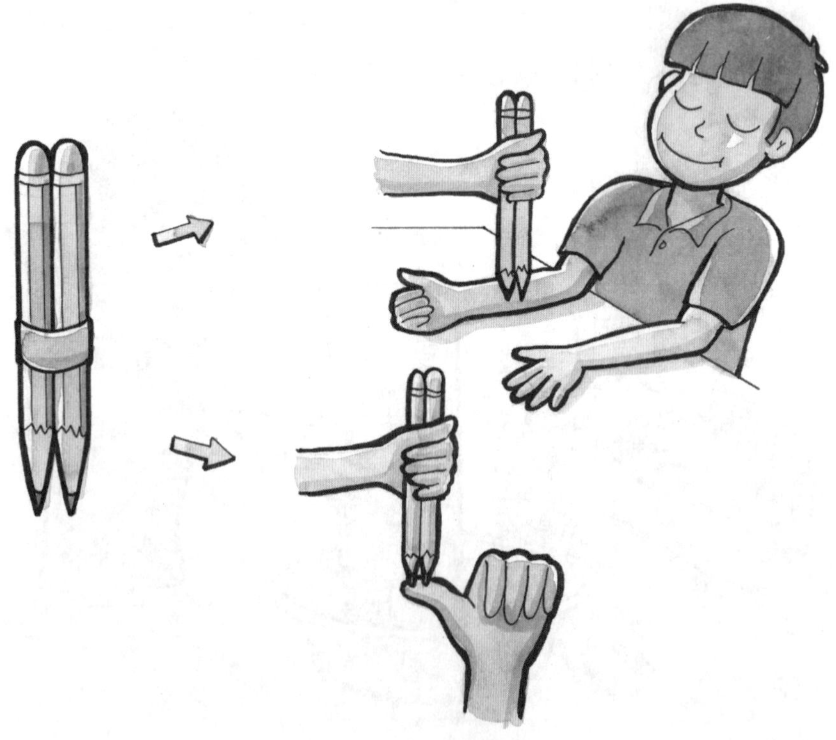

것이 닿았을 때 그것의 온도라든가 누름, 거칠기, 날카롭기, 아픔, 간지러움 등을 느끼는 것을 말한다. 우리의 피부는 그 위치에 따라 촉감이 서로 다른지, 아니면 피부 전체가 같은지 실험으로 알아보자.

실험 방법

1. 두 자루의 연필 끝(너무 뾰족하지 않을 것)이 나란하도록 붙여 접착테이프로 고정시킨다.
2. 보조자 친구에게 팔뚝을 내놓고 눈을 감게 한다.
3. 자신은 친구의 팔뚝 부분에 두 연필 끝이 동시에 살짝 닿도록 눌렀다가 들어낸 뒤, 연필 끝이 하나의 점으로 느껴졌는가, 두 점으로 구분되었는가 물어보자.
4. 친구의 엄지손가락부터 손가락 마디마다 연필을 잠시 대고 그 느낌을 물어보자.
5. 손가락 뒤쪽, 손등, 팔꿈치 위쪽, 발가락, 종아리, 뺨 등에도 실험해보자.

실험 결과

팔뚝에서는 두 연필 끝의 누름을 하나의 지점으로 느낀다. 그러나 손가락 끝에서는 모두 두 끝을 구분하여 느낀다.

연구

우리 몸은 위치에 따라 누름에 대한 촉감이 다소 둔하기도 하고 민감하기도 하다. 손가락 끝에는 다른 곳보다 더 많은 신경의 끝이 나와 있다. 반면에 둔감한 곳에는 신경의 말단이 적게 분포하고 있다. 신경이 예민한 곳은 신경이 많이 분포하고 있기 때문에 아픔이라든가, 온도감각도 예민하다. 병원에서 주사를 놓는 팔뚝이나 엉덩이 부분은 신경이 다른 곳보다 적게 분포하고 있어 비교적 둔감한 곳이다.

퇴비더미에서 나오는 열을 재어보자

— 동식물이 부패하면 왜 열이 나오나?

준비물

- 지푸라기, 잔디를 깎은 쓰레기나 낙엽, 채소나 음식 등의 부엌 쓰레기
- 쓰레기를 긁어모을 갈퀴
- 쓰레기더미를 쌓아둘 뒷마당 같은 장소
- 온도계 (문방구에서 구입할 수 있으며, 같은 것을 4개 정도 준비해두면 여러 가지 실험에 사용할 수 있다.)

관찰 목적

추운 겨울날 시골길을 가다보면 쓰레기를 쌓아둔 퇴비더미에서 더운 김이 모락모락 피어오르는 것을 볼 수 있다. 된장을 만들기 위해 삶은 콩을 자루에 담아 싸두면 하루 이틀 뒤에 매우 높은 열이 난다. 퇴비가 썩을 때와 콩을 발효시킬 때는 왜 열이 발생하는 것일까? 그곳의 온도는 얼마나 될까?

관찰 방법

1. 뒷마당 빈터에 지푸라기나 낙엽 또는 부엌 쓰레기를 모아 직경 100센티미터, 높이 50센티미터 정도 되도록 쌓아 퇴비더미를 만든다. 이런 작업을 할 때는 갈퀴나 쇠스랑을 사용한다.
2. 퇴비더미에 물을 1바가지 정도 뿌려 젖게 한다.
3. 하루가 지난 뒤 퇴비더미에 온도계를 5분 동안 깊숙이 꽂아두었다가 꺼내어 즉시 온도를 재고 기록해둔다.
4. 3~7일 정도 뒤에 다시 같은 방법으로 퇴비더미에 온도계를 꽂아 온도를 잰다.
5. 지난번에 잰 온도와 이날 측정한 온도 사이에 얼마나 차이가 있는가?

관찰 결과

3~7일이 지난 뒤의 퇴비더미 온도는 전보다 높아져 있다. 또한 퇴비더미의 온도는 기온보다 훨씬 높을 것이다. 기온이 낮은 겨울에는 퇴비더미의 온도가 오르는데 시간이 많이 걸리지만, 더운 계절에는 훨씬 빨리 열이 오르기 시작한다.

연구

농부들은 동식물 쓰레기를 비롯하여 가축의 분뇨 등을 무더기로 쌓아두고 부패시켰다가 논밭에 뿌려 거름(퇴비)으로 사용한다. 이런 쓰레기더미가 썩기 시작하면 많은 열을 내게 된다. 거름더미의 쓰레기는 태양으로부터 받은 에너지를 보존하고 있다. 퇴비에 미생물(부패박테리아)이 번식하여 부패하기 시작하면, 가지고 있던 에너지가 열에너지로 바뀌어 나오게 된다.

된장을 만드느라 삶은 콩을 자루에 담아두면 발효가 시작되면서 열이 난다. 이와 같은 발효는 박테리아가 번식하는 부패 현상의 하나이다.

1. 부패박테리아는 어떻게 퇴비를 썩게 할까?
2. 퇴비더미의 온도는 손으로 만질 수 없을 정도로 뜨거운 섭씨 60~70도 이상 높이 올라갈 수 있다. 너무 온도가 오르면 퇴비더미 안의 미생물이 죽지 않을까?

고에너지 식품은 어떤 것인가

— 단맛을 내는 탄수화물의 영양가를 조사해보자

- 슈퍼마켓의 각종 과자, 음료수, 식품, 통조림 등의 라벨
- 종이와 연필

실험 목적

매일 먹어야 하는 음식은 소화기관에서 분해되어 우리가 자라고 활동하는데 필요한 에너지가 된다. 단맛을 싫어하는 사람은 없다. 그러나 단 것을 너무 좋아하면 비만해지기 쉽고, 충치의 원인이 된다. 어떤 어린이는 설탕만 많이 먹었다 하면 가만히 있지를 못하고 지나치게 활동이 심해지기도 한다.

설탕이 들지 않은 과자, 아이스크림, 음료수는 거의 찾아볼 수 없다. 당분은 우리 몸에서 얼마나 많은 에너지를 낼까? 음식이 몸 안에서 분해되어 나오는 에너지는 '칼로리'라는 단위로 표시한다. 영양가가 많은 음식은 칼로리가 높다. 1000칼로리(cal)는 1킬로칼로리(kcal)이다. 1킬로칼로리는 1리터의 물을 온도 1도 높이는데 필요한 에너지의 양이다.

식물은 광합성을 하여 탄수화물(당분)을 만든다. 탄수화물이란 전분(쌀, 감자 등의 주성분), 설탕, 과당(과일의 단맛), 포도당, 락토스(우유 속에 포함), 말토스(맥아당 또는 엿당) 등을 총칭하는 말이다.

실험 방법

1. 집에 있는(또는 슈퍼마켓의) 과자 봉지, 음식의 포장지, 음료수병, 통조림에 붙은 작은 글씨로 쓴 라벨을 검사하여, 각 음식에 따라 어떤 성분이 들어 있는지, 각 성분의 함량과 각각의 칼로리를 조사하여 노트에 기록한다.
2. 영양가가 높은 음식에 어떤 것이 있는지 분류한다.

3. 설탕이 특히 많이 포함된 음식은 어떤 것인가?
4. 설탕을 넣지 않은 무가당 음료에는 어떤 것이 있으며, 무가당 음료는 어떤 사람이 먹을까?

 실험 결과

과자와 음료와 음식물의 라벨에는 주요 성분과 그것의 함량 그리고 각각의 열량(칼로리)을 기록해두었다. 그중에는 설탕이 포함되지 않은 것이 거의 없다.

 연구

3대영양소는 탄수화물, 단백질 그리고 지방질이다. 이 중에 칼로리가 가장 높은 것은 지방질이고, 다음으로 단백질, 탄수화물 순이다. 식물은 종류에 따라 여러 종류의 탄수화물을 만든다. 사탕수수나 사탕무와 같은 식물은 설탕 성분을, 과일류는 과당을, 감자와 고구마 등은 전분을 많이 만들어 저장한다.

주스 중에는 무가당 주스가 있다. 이것은 비만한 사람이나 당뇨병환자를 위해 만든 것이다. 그러나 과일 자체가 당분을 가지고 있기 때문에 당이 적을 뿐이지 아주 없는 것은 아니다.

식물 뿌리의 굴지성을 확인해보자

— 뿌리는 항상 지구의 중심 쪽으로 자란다

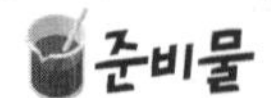

- 플라스틱 컵
- 여과지나 화장지
- 무 씨앗
- 접착테이프
- 못쓰는 컴팩트 디스크(CD) 케이스
- 공작용 찰흙
- 분무기 (또는 음료수 스트로)

실험 목적

식물의 씨앗이 싹트면 그 뿌리는 땅 쪽으로 자라고 줄기는 햇빛이 비치는 위쪽으로 자란다. 뿌리가 땅 쪽(지구의 중심 쪽)을 향하는 것은 지구의 인력(중력) 방향으로 자라기 때문이다. 뿌리의 방향을 돌려주면 어떤 현상이 일어나는지 실험해보자.

실험 방법

1. 못쓰는 컴팩트 디스크(CD) 케이스의 내부에 든 것을 모두 빼내고 네모꼴의 투명한 플라스틱 케이스만 남긴다.
2. 케이스의 바닥에 무 씨 4개를 그림1처럼 놓는다.
3. 씨앗 위에 케이스 크기로 꼭 맞게 자른 여과지나 화장지를 4-6겹 정도 접은 것을 덮어놓아, 씨앗이 이리저리 움직이지 못하도록 한다. 여과지가 확실하게 붙어 있도록 접착테이프를 사방에 붙여 고정시켜 두자.
4. 스프레이나 스트로를 사용하여 여과지 위에 물을 가만히 뿌리거나 적셔준 뒤, 케이스의 뚜껑을 닫는다.

그림1

5. 이렇게 씨를 뿌린 CD케이스를 그림2처럼 똑바로 세워둔다. 세울 때 공작용 찰흙을 이용하면 편리하다.
6. 씨가 발아했는지 매일 관찰하면서, 여과지 (또는 화장지 접은 것) 위에 몇 방울의 물방울 떨어뜨려 마르지 않도록 한다. 그리고 반드시 같은 방향으로 다시 세워둔다.
7. 3, 4일 후에 싹이 나오는데, 식물의 씨앗에서는 뿌리가 먼저 싹터 나온다. 그 뿌리가 손톱 길이만큼 아래쪽으로 자랐으면, CD케이스를 시계바늘이 도는 반대방향으로 90도 돌려 세워둔다. 이때도 물을 적셔주고 놓는다.
8. 뿌리 길이가 2배 정도 자랐으면('ㄱ'자 모양으로 자람), CD케이스를 다시 시계 반대방향으로 90도 돌려 세워둔다.
9. 뿌리가 더욱 자라 'ㄷ'자 모양이 되었으면 다시 시계 반대방향으로 90도 돌려 세운다.

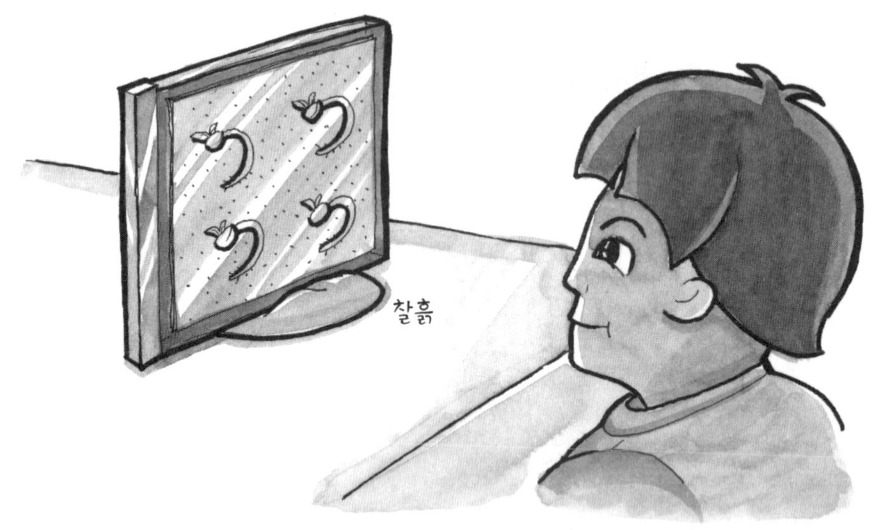

그림2

실험 결과

식물의 씨앗이 싹이 트면 뿌리부터 나오고, 그 뒤에 줄기가 될 부분이 나온다. 콩나물을 보면 뿌리만 먼저 길게 자라 있다. 여과지 위에서 싹튼 무의 뿌리는 CD케이스의 방향을 돌려놓을 때마다 뿌리가 자라는 방향도 바뀌어 결국 'ㅇ'자 모양으로 자라게 된다.

연구

이 실험은 뿌리가 자라는 것을 관찰하기 때문에 그늘진 곳에서 하는 것이 좋다. 식물의 뿌리에는 생장점이 뿌리 끝에 있으며, 이 생장점에서 세포분열이 일어나 길게 자라게 된다. 뿌리 끝은 CD케이스의 방향이 90도씩 회전할 때마다 그에 따라 지구의 중심이 있는 아래쪽을 향하게 된다.

1. 지구의 중력이 거의 작용하지 못하는 무중력 상태의 우주선 안에서 자라는 식물의 뿌리는 어느 방향으로 어떻게 자랄까?
2. 어떤 식물은 뿌리가 한 가닥이 아니라 수염처럼 여러 개 나온다. 이런 씨앗으로도 같은 실험을 해보자.

전기와 자기, 빛과 소리

25 영구자석으로 일시자석을 만들어보자

— 일시자석의 자력은 얼마나 강해질 수 있나?

- 영구자석 (영구자석이면 어떤 형태라도 좋으나 막대자석이 편리하다.)
- 길이 6~7센티미터 정도의 쇠못 몇 개
- 종이를 끼우는 철사로 만든 작은 클립(종이클립) 몇 개

실험 목적

쇠와 니켈은 자석에 달라붙는다. 영구자석으로 못을 문지르면 못도 자석이 된다. 그러나 자석이 된 못의 자력은 잠시 후 사라진다. 그래서 이런 자석을 '일시자석'이라 부른다. 영구자석으로 못을 여러 번 문지르면 일시자석의 자력도 강해진다. 그렇다면 10번, 20번, 30번 문지르는 수를 늘이면 그에 비례하여 일시자석의 자력이 강해질까?

실험 방법

1. 영구자석을 손에 쥐고 못 기둥을 따라 5번 문지른다. 문지를 때는 한쪽 방향으로만 문질러야 한다. 왕복하며 문지르면 제대로 일시자석이 되지 않는다.

2. 문지른 즉시 못 끝에 종이클립 1개를 붙여본다. 만일 붙어 있다면 다시 하나를 더 붙여본다. 몇 개까지 클립을 붙일 수 있는가?
3. 이번에는 다른 새 못에 10회 같은 방향으로 영구자석을 문지른 뒤 못 끝에 클립을 붙여본다. 일시자석은 몇 개까지 매달 수 있는가? (새 못을 쓰지 않고 먼저 실험한 것을 다시 사용하면 정확한 실험이 되지 않는다.)
4. 다시 새로운 못에 20회 문지른 후 같은 실험을 해본다.
5. 매번 새 못에 10회씩 문지르는 회수를 늘이며 최대 몇 개까지 매달 수 있는지 실험한다.

실험 결과

못을 영구자석으로 문지르면 못은 일시자석이 되어 종이클립을 매달 수 있다. 그리고 문지르는 횟수가 증가하면 일시자석의 힘도 강해져 더 많은 클립을 매단다. 그러나 어느 한계에 이르면 더 이상 아무리 문질러도 자력이 강해지지 않는다. 그것이 일시자력의 한계이다.

연구

자석은 N극과 S극이라는 극성이 있다. 자성이 없는 못을 영구자석으로 문지르면 자성을 가지게 된다. 이것은 못의 원자들이 영구자석의 자력에 영향을 받아 잠시 N극과 S극을 가지게 되기 때문이다. 일시자석은 시간이 지나거나 다른 물체에 문지르거나, 떨어뜨리거나, 열을 주거나 하면 금방 자력을 잃어버린다.

자석의 힘을 차단해보자

— 자력이 통과하지 못하는 물질

준비물

- 강한 영구자석 (전기 부속품상, 과학재료상 등에서 구한다)
- 가느다란 실
- 막대 (30센티미터 정도)
- 접착테이프
- 종이클립
- 두꺼운 책 몇 권
- 종이, 마분지, 비닐, 알루미늄 포일, 플라스틱 자, 컴팩트 디스크(CD), 카세트테이프 필름, 비디오테이프 필름, 사기접시 등

실험 목적

자석에 쇠못이 붙는 것은 당연한 일이다. 자석을 종이로 싸서 가져가더라도 못은 잘 들어붙는다. 자석의 힘(자력)은 무엇이라도 투과하는 것일까? 자력은 얼마나 멀리까지 미칠까? 자력이 영향을 주는 범위를 '자장(磁場)'이라고 말한다. 자력을 차단할 수 있는 것은 무엇일까?

실험 방법

1. 약 30센티미터 길이의 막대(대나무 자가 편리) 끝에 실을 사용하여 자력이 강한 자석을 그림처럼 매단다. 막대자석, 말굽자석 어느 것이라도 된다.
2. 종이클립 하나를 실에 매고 실의 한쪽 끝을 방바닥에 접착테이프로 붙여 고정한다. 종이클립에 연결한 실의 길이는 줄이거나 늘일 수 있게 한다.
3. 자석이 달린 막대를 그림처럼 들어올려 자력에 끌린 종이클립이 무중력 상태처럼 공중에 떠 있게 책의 높이를 조절한다.
4. 준비가 다 되었으면, 자석과 클립 사이에 종이 한 장을 끼워보자. 자력이 차단되어 클립이 바닥으로 떨어지는가? 여러 장의 종이도 끼워보자.

5. 종이 외에 비닐, 천, 얇은 철판, 알루미늄 포일, 사기접시, 컴팩트디스크(CD), 카세트나 비디오테이프의 필름 등을 끼워보자. 어떤 것이 자력을 차단하는지 확인하고 기록하자.

실험 결과

종이나 천과 같은 것은 자력이 그대로 통과할 수 있기 때문에 자력이 차단되지 않는다. 그러나 쇠는 자력이 통과하지 못하게 하므로, 공중에 떠 있던 종이클립은 바닥으로 뚝 떨어지게 된다.

연구

자력은 종이나 플라스틱은 통과하면서 쇠는 왜 투과하지 못할까? 카세트테이프나 비디오테이프의 필름은 왜 자력을 차단할까?

강한 전자석을 만드는 방법

– 전선을 감은 못은 왜 전자석이 될까?

준비물

- 피복된 구리선 (가느다란 구리선을 비닐으로 싼 것이면 무엇이라도 좋음)
- 피복선을 벗겨내는 와이어 스트리퍼 (펜치나 가위도 사용 가능)
- 굵고 기다란 못
- 6볼트 건전지 (휴대용 라디오나 랜턴 용)

실험 목적

과학자 한스 오에르스테드는 1820년에 전선에 전기가 흐르면 그 전선 주변에 자력이 생긴다는 사실을 처음 발견했다. 이러한 원리를 알게 되면서, 쇠막대 주변에 전선을 감고 전기를 흘려주어 쇠막대가 순간적으로 (전류가 흐르는 동안만) 자석이 되는 전자석을 만들게 되었다. 그 이후부터 전자석은 전화기의 벨, 초인종, 스피커의 진동판, 온갖 종류의 모터, 고철처리장의 크레인 등 수만가지 전기 장치에 이용되고 있다.

주의

1. 실험에 사용하는 전선은 반드시 그 표면이 전기가 통하지 않는 플라스틱(절연피복선)으로 확실히 덮여 있어야 한다.
2. 전선에 전류가 흐르면 전선이 금방 뜨거워져 피복선이 타거나 녹게 되어 화재나 화상을 입을 염려가 있다. 그러므로 반드시 건전지 연결시간은 4~5초 동안만 짧게 하여 전자석 실험을 해야 한다.
3. 이 실험에는 6볼트 건전지 외에 자동차 배터리나 가정의 전기는 절대 사용하면 안 된다.

 실험 방법

1. 버려진 가느다란 전선(내부에 구리선이 든 플라스틱 피복선)을 60센티미터 정도 잘라내어, 선의 양쪽 끝 피복선을 2센티미터쯤 와이어 스트리퍼로 깨끗하게 벗겨낸다.
2. 전선을 큰 못 둘레에 그림처럼 5회 감는다.
3. 전선의 한쪽만 건전지 전극(터미널)에 고정시키고, 다른 한쪽 끝은 이었다 떼었다 할 수 있게 한다. 전류가 흐르면 잠시 후 전선이 뜨거워지므로, 너무 열이 나기 전에 곧 회로를 끊을 수 있어야만 한다.
4. 두 전선의 끝을 건전지의 양극과 음극에 각각 연결하면, 그 순간에 큰못은 전자석이 된다.
5. 큰못의 끝 근처에 종이클립(또는 작은 못)을 놓아두고 전선을 전극에 연결했을 때, 몇 개의 클립을 매달 수 있는지 실험한다.

6. 이번에는 큰못 주변에 피복선을 10회 감고 전극에 연결하여, 몇 개의 클립을 매달 수 있는지 같은 실험을 해보자.
7. 전선을 15회, 그 다음에는 20회, 25회로 올려가며 같은 실험을 하여 몇 개의 클립을 매다는지 확인해보자.
8. 전선을 감은 횟수가 많을수록 더 많은 수의 클립을 매다는가? 아니면 어느 횟수 이상이 되면 더 이상 자력이 강해지지 못하는가?

실험 결과

큰못 주변에 전선을 감는 횟수가 늘어날수록 전자석의 자력은 강해져 더 많은 종이클립을 매달게 된다. 그러나 어느 한계에 이르면 아무리 전선을 많이 감아도 전자석의 힘은 더 강해지지 않는다.

연구

1. 전자석 실험에 쓰는 피복전선으로는 표면에 에나멜(부도체임)을 바른 구리선도 사용할 수 있다. 모터 내부를 칭칭 감고 있는 구리선은 에나멜로 피복되어 있다.
2. 큰못에 감는 전선의 횟수가 2배 많으면 자력도 2배 강해지는가?
3. 자력은 큰못의 어느 부분 (머리, 중간 또는 끝)이 강한가?
4. 전류가 흐르면 왜 그 주변에 자력선이 생길까?
5. 전자석의 자력에는 왜 한계가 생길까?

* 독자들이 가지는 자력과 관계되는 수많은 의문의 답은 고학년이 되면서 차츰 배우게 된다.
* 자기가 한 실험 내용을 꼭꼭 기록해두는 습관을 가진다면 반드시 훌륭한 과학자가 될 것이다. 훌륭한 과학자는 천재이기보다 꾸준히 정직하게 연구하는 사람이다.

건전지와 자동차 배터리의 차이

- 건전지를 여러 개 연결하면 어떤 변화가 생기나?

준비물

- 50원짜리 동전 6개
- 동전과 크기가 비슷한 와셔(볼트와 너트를 죌 때 그 사이에 끼우는 구멍 뚫린 둥근 쇠) 6개
- 쇠 수세미 (부엌에서 사용)나 샌드페이퍼(사포)
- 4각형으로 자른 작은 종이 조각
- 소금물
- 멀티미터 (전기재료 상점에서 구입)

실험 목적

우리 생활에서는 전지가 온갖 용도로 사용되고 있다. 전지는 시계나 계산기 안에 넣는 매우 작은 전지, 휴대전화기에 쓰는 전지, 일반 건전지, 자동차의 축전지 등 종류도 다양하다. 손전등은 대개 2개의 건전지를 연결하여 쓰고, 자동차의 배터리는 6개의 전지를 연결하여 높은 전압을 얻고 있다 (자동차 배터리의 전극을 보면 이것을 알 수 있다). 전지를 여러 개 연결하는 방법에는 사용 목적에 따라 '병열접속법'(병열)과 '직열접속법'(직열) 두 가지가 있다. 각각 어떤 차이가 있는지 알아보자.

그림1

실험 방법

1. 동전과 와셔를 쇠 수세미로 문질러 반질반질 윤이 나게 닦는다.
2. 동전 보다 약간 큰 크기로 백지 조각 12개 정도를 가위로 잘라 준비한다.
3. 접시에 소금물을 준비한다.
4. 그림처럼 와셔와 동전 사이에 소금물에 적신 종이를 한 장 끼운다. 이때 동전과 와셔가 서로 닿지 않도록 주의한다. 이것은 하나의 작은 전지가 된다.
5. 동전과 와셔에 멀티미터의 전극을 연결했을 때, 몇 볼트의 전류가 흐르는지 관찰하고 기록한다.
6. 다시 와셔-종이-동전-와셔-종이-동전 차례로 얹어두고, 멀티미터 전극을 맨 아래의 와셔와 맨 위 동전에 접촉하고 볼트를 측정하여 기록하자. 종이는 반드시 소금물에 적셔야 한다.
7. 이번에는 3겹으로, 4겹, 5겹으로 쌓으며 각각의 결과를 기록하자.

실험 결과

1. 표면을 반짝거리도록 닦은 동전과 와셔가 접속하면 약한 전류를 만든다. 이때 소금물에 적신 종이는 동전과 와셔 사이에 전류가 흐르는 통로(도체) 역

그림 2

그림3

할을 한다.

2. 멀티미터의 전극을 바꾸어 이어보면 미터의 눈금도 방향이 바뀐다.
3. 두 층으로 만든 전지는 2배 높은 전압의 전류가 생기고, 3겹으로 한 전지는 3배의 전압을 나타낸다.

 연구

1. 추운 곳과 따뜻한 곳에서 이 실험했을 때 결과가 달라질까?
2. 소금물의 농도를 달리하면 전압이 어떻게 변할까?
3. 50원짜리 동전 대신 10원짜리 동전으로 같은 실험을 하면 어떻게 될까?
4. 6볼트의 건전지를 해부해보면 (보호자의 도움을 받아야 한다), 1.5볼트 건전지 4개를 직열하여 6볼트의 전압이 나오도록 만들어져 있다.

   그림3은 3개의 드럼통에 가득 물을 채운 것을 나타낸다. 왼쪽처럼 높이로 세운 것과 오른쪽처럼 옆으로 연결한 것의 꼭지로 나오는 물의 세기는 3배 차이가 난다.

   건전지도 이와 같이, 직열(높이로 새우듯)하면 전압이 그만큼 높아지고, 병열(옆으로 연결하듯)하면 전압이 높아지지 못한다. 그 대신 직열한 전지는 수명이 짧고, 병열한 건전지는 장기간 쓸 수 있다.
5. 전구를 연결하는 방법에도 직열법과 병열법이 있음을 생각해보자.

과일로 전지를 만들어보자

— 전지에서는 왜 전류가 발생하는가?

- 오렌지나 레몬
- 굵은 구리선
- 고운 샌드페이퍼나 쇠 수세미
- 아연판 조각 (가로 세로 2.5센티미터 정도)
- 전압과 전류의 세기(암페어)를 재는 멀티미터 (전기재료상이나 공구상에서 2만원 정도의 값으로 간단한 것을 구입할 수 있다.)

실험 목적

전지에서 전류가 만들어지는 것은 그 안에서 특별한 화학반응이 일어나기 때문이다. 어떤 두 가지 종류의 물질이 서로 만나면, 한쪽 물질이 가지고 있던 전자가 다른 쪽 물질로 이동하는 현상이 일어날 수 있다. 건전지는 음극(－)에서 나온 전자가 전선(회로)을 따라 양극(＋)으로 가도록 되어 있다. 건전지의 외부를 둘러싼 껍질은 아연판이며, 이것이 음극 역할을 한다. 오렌지나 레몬을 이용하여 간단한 전지를 만들어보자.

실험 방법

1. 아연판 조각(가로 세로 약 2.5센티미터)과 굵은 구리철사의 표면을 쇠 수세미나 부드러운 샌드페이퍼로 싹싹 문질러 윤이 나게 깨끗이 한다. 두 금속의 표면은 공기 중의 산소와 결합하여 부식된 상태에 있으므로, 표면을 벗겨내야 전류가 잘 흘러 전극 역할을 한다.
2. 오렌지 표면에 아연판을 그림처럼 꽂고, 2~3센티미터 떨어진 위치에 굵은 구리철사를 찔러 넣는다.
3. 아연판과 구리선 사이를 전류계로 연결하면 바늘이 움직이면서 전류가 흐르는 것을 보여준다. 몇 볼트가 나오는가?

 **실험 결과**

아연판(음극)과 구리선(양극)을 전극으로 하여 드디어 오렌지 전지를 만드는데 성공했다! 이 오렌지 전지는 약 1볼트의 전류를 만들어낼 것이다. 멀티메터로 암페어(전압)를 재보면 약 0.2밀리암페어가 나올 것이다.

연구

전류를 만드는 방법은 여러 가지가 있다. 이 실험과 같이 두 가지 물질 사이에 전자가 흐르도록 만든 전지를 '볼타전지'라 하는데, 일반적으로 '전지'라 부른다.

1. 오렌지가 아닌 사과, 배 등 다른 과일로도 같은 실험을 해보자.
2. 아연판과 구리선 사이의 전극 거리를 가깝게, 멀게 하면서 결과를 보자. 어떤 거리일 때 가장 높은 전압을 내는가?
3. 전극을 깊게 또는 얕게 꽂았을 때는 어떤 차이가 나는가?
4. 주변에서 구할 수 있는 다른 종류의 금속으로도 같은 실험을 해보자.
5. 멀티미터는 각종 전기기구의 전선이 잘 연결되어 있는지 확인할 때 편리하게 이용한다.

전기료는 전기에너지 사용료이다

- 우리 집에 청구된 전기요금을 계산해보자

- 우리 집 전기 계량기
- 전기요금 청구서
- 집에서 쓰는 각종 전기제품

관찰 목적

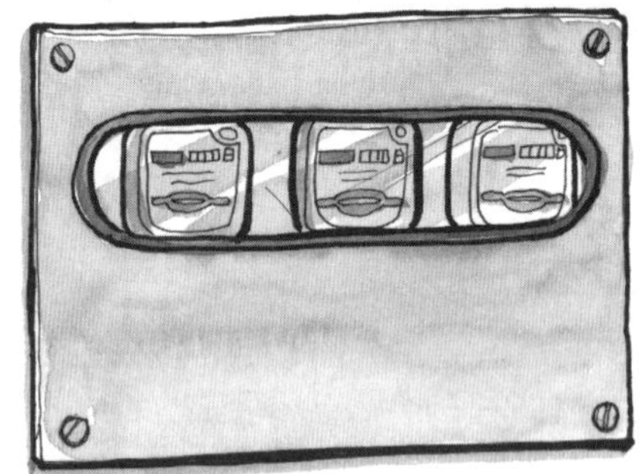

전력은 '와트'(W)라는 단위로 표시한다. 백열등은 보통 30W, 60W, 100W 세 가지를 사용한다. 60W 전구는 30W보다 전력을 2배 소모하며 더 밝은 빛을 낸다. 매달의 전기요금은 각 가정에서 1개월간 몇 킬로와트(KW)의 전력을 사용했는지 계량기를 검침하여 그에 따라 청구하고 있다. 우리 집에서는 매달 어느 정도의 전기 에너지를 소모하는지 확인해보자.

관찰 방법

1. 학교에 가기 전에 계량기 눈금을 읽어 기록해둔다.
2. 다음날 같은 시간에 눈금을 읽어 그 사이 몇 KW를 사용했는지 계산해보자. 그 차이는 지난 24시간 동안에 사용한 전력이다.
3. 이날의 전기 계량기 수치와 1개월 후 같은 날 계량기를 보아 그날의 수치를 확인하고 비교해보자. 그 차이가 지난 1개월간 사용한 전기 에너지의 양이다.

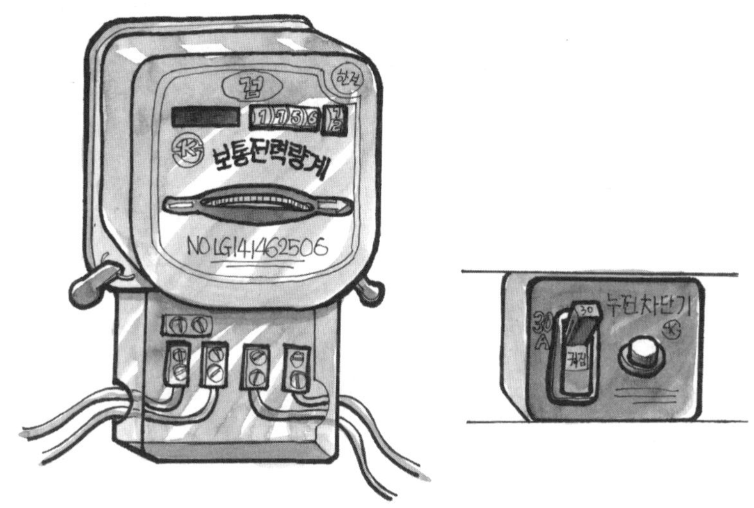

4. 집에서 쓰는 각종 전기기구의 안내서를 읽어 전력 소모량을 확인하자. 1시간 동안에 소모하는 전력량이 와트로 표시되어 있다.

 관찰 결과

1킬로와트는 1000와트의 전기를 1시간 동안 사용한 전력이다. 그러므로 1달간의 전기 계량기 수치 차이가 55킬로와트(KW)라면, 1킬로와트의 전기를 55시간 소모한 것과 같다. 전기 요금 청구서를 보면, 지난 1달간 사용한 전력량이 기록되어 있고, 요금은 그에 따라 청구한다.

 연구

가정용 전기제품을 새로 사와 포장을 뜯어보면, 반드시 제품 안내서가 들어 있다. 이것을 '매뉴얼'(사용 설명서)이라 말한다. 매뉴얼에는 제품의 사용법과 안전상 주의할 점, 고장 확인법 및 고장수리(애프터서비스)에 대한 안내, 그리고 소모전력 등이 상세히 적혀 있다.

독자들은 이 설명서를 잘 읽어 이해한 뒤에 매뉴얼만 모아두는 스크랩북에 보관해놓도록 한다. 매뉴얼 안에 어려운 내용이 있을 때, 부모님이나 선생님에게 물으면 중요한 지식을 얻게 될 것이다.

1. 우리 집의 가전제품들은 각각 전기 용량이 몇 와트인지 조사해보자.
2. 전력 사용량을 절약하는 방법을 생각해보자. 그리고 그렇게 실천하자.

발전소에서 집까지 전기가 오는 길

— 전기에너지는 여러 가지 다른 에너지로 변한다

- 백열등, 형광등, 선풍기, 전기스토브 또는 전기다리미, 전자렌지, 텔레비전

관찰 목적

발전소에서는 수력, 화력 또는 원자력 등으로 전기에너지를 생산하여 가정과 공장 등으로 보내다. 가정으로 송전되어온 전기에너지가 여러 가지 가전제품에서 어떤 에너지로 변하여 독특한 일을 하는지 관찰해보자.

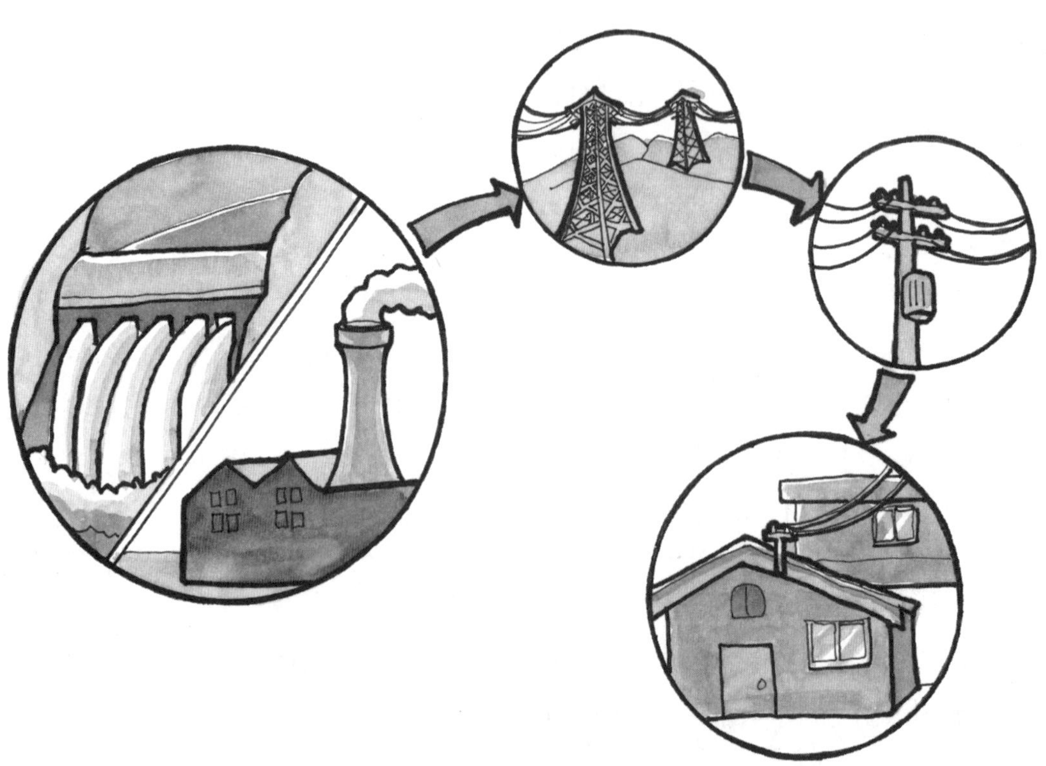

관찰 결과

발전소에서는 물이 아래로 떨어지는 수력에너지나, 연료를 태운 열에너지 또는 원자력에너지로 전기에너지를 생산한다. 발전소의 전기에너지는 송전선을 타고 이동하여 집으로 들어와 전등을 밝혀주고 온갖 전기제품을 동작시킨다.

백열등 - 백열등은 빛과 열을 낸다. 이것은 전기에너지가 빛에너지와 열에너지로 변환된 것이다.

형광등 - 빛에너지를 많이 내면서 백열등보다는 열을 훨씬 적게 낸다. 따라서 백열등에 비해 열에너지 소모가 적다.

선풍기 - 전기에너지가 모터를 돌리는 동력에너지가 되어 바람개비를 돌린다. 돌아가는 바람개비는 공기를 흐르게 하여 풍력에너지로 변한다.

전기스토브나 다리미 - 전기에너지가 열에너지로 변하여 물이나 음식을 데우고, 열기로 다림질을 한다. 전열기는 에너지 소모가 많다.

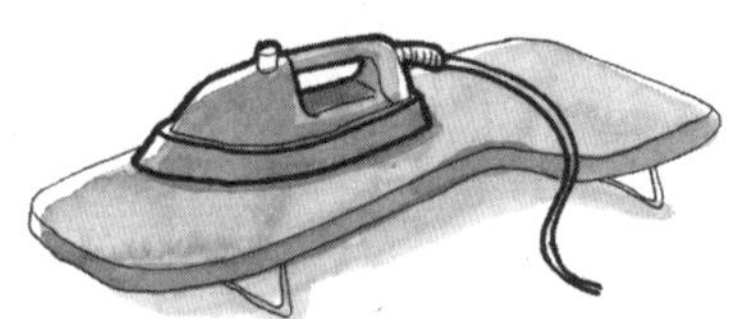

전자렌지 - 전자렌지에서는 전기에너지가 마그네트론이라는 진공관을 동작시켜 극초단파가 나오도록 한다. 극초단파는 음식물 속의 물 분자를 아주 빠르게 진동시켜 열이 나게 한다. 그러므로 전자렌지에서는 전기에너지가 극초단파에너지로 되었다가 다시 열로 변환된다.

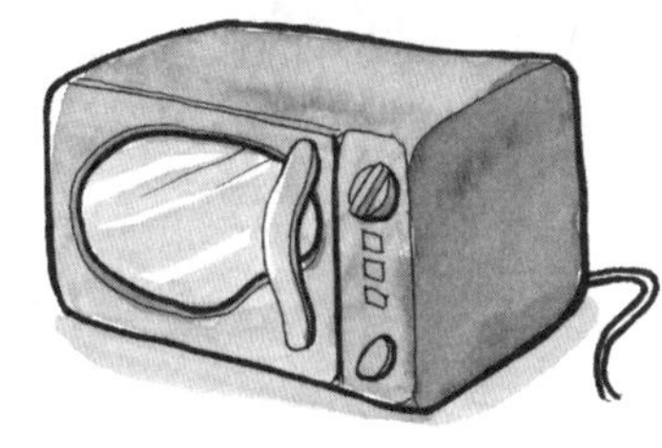

텔레비전 - 텔레비전은 전기에너지를 영상과 소리에너지로 변환시킨 것이다.

연구

전기에너지는 빛, 열, 자기력, 영상, 소리, 풍력 등 수많은 종류의 다른 에너지로 변환시킬 수 있는 편리한 에너지이다. 집안에 있는 다른 전기제품과 여러 가지 기계와 도구를 조사하여 전기에너지가 어떤 에너지로 변하는지 생각해보자.

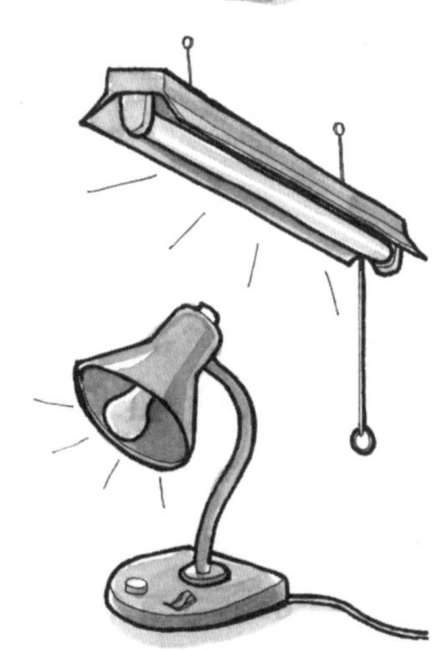

전기에너지를 이용하는 가정의 도구들

— 가전제품은 전기로 움직이는 편리한 생활도구

관찰 대상

집에서는 온갖 전기제품을 여러 가지 목적으로 이용하고 있다. 전기 에너지로 움직이는 이들 가전제품은 생활을 편리하게 하고 건강을 지켜준다. 우리 가정에서 사용하고 있는 전기제품에 어떤 것이 있는지 조사해보자.

부엌에는 냉장고, 전자렌지, 김치냉장고, 전기밥솥, 전기 오븐 등이 있다. 거실에는 에어컨, 선풍기, 진공청소기, 라디오, 텔레비전, 비디오, 오디오 세트, 전화기

와 자동응답기 등이 있으며, 공부방과 침실에서는 전등, 컴퓨터, 전자 게임기, 헤어드라이어, 손전등 등을 사용하고 있다. 그 외에도 전기면도기를 비롯하여 천정의 화재경보장치, 보안등, 수돗물을 길어 올려주는 물 펌프 등도 있다.

연구

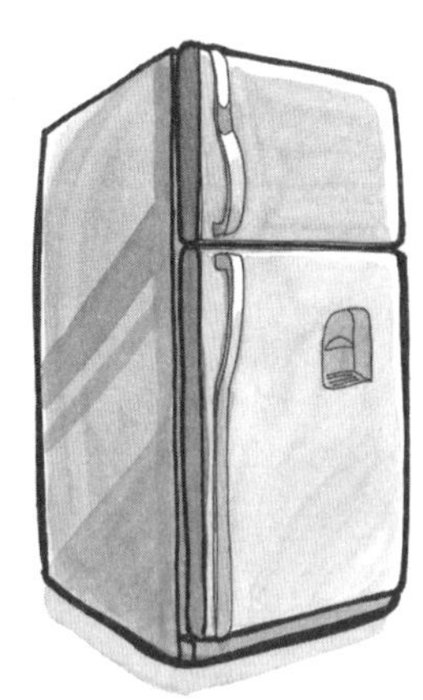

이상의 가정 전기제품은 없어서는 안 될 생활의 필수품이다. 잠시라도 정전이 된다면 이들을 사용할 수 없어 큰 불편이 생긴다. 다만 전자게임기 같은 일부 제품은 반드시 필요한 것은 아닌 취미용품이기도 하다.

한편 손전등, 포켓 계산기, 카메라, 여러 가지 장난감 등은 건전지를 사용한다. 건전지는 전기에너지를 저장하고 있다. 한밤중에 갑자기 전기가 나가면 암흑천지가 된다. 이럴 때 우선 필요한 것이 손전등이다. 그래서 가정에서는 손전등을 눈을 감고도 손쉽게 찾아낼 수 있는 곳에 보관하고 있다. 독자들의 서랍에도 작은 손전등 하나는 늘 준비하고 있어야 할 것이다.

1. 우리가 쓰는 전기용품에는 그 외에 어떤 것이 있는지 이름과 용도를 적어보자.
2. 정전이 된다면 어떤 현상이 생길 수 있는지 각 전기제품마다 생각해보자.

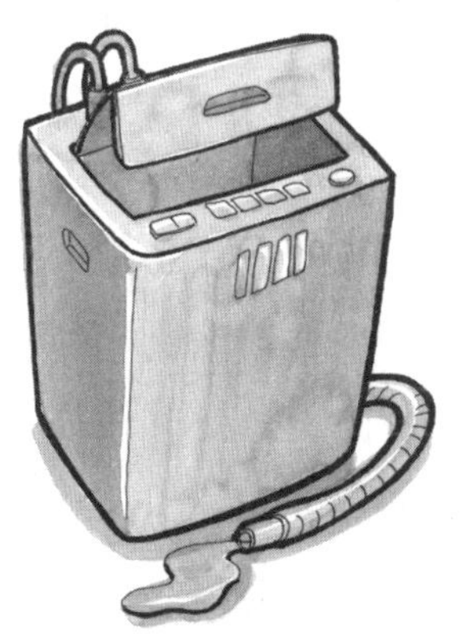

태양전지에 미치는 태양의 영향

– 태양전지가 전류를 생산하는 이유

- 태양전지 (과학재료상에서 구입)
- 연결선
- 자
- 멀티미터(전류계)
- 플래시(손전등)

실험 목적

얇은 판으로 된 태양전지는 태양에너지를 전기에너지로 바꾸는 장치이다. 태양전지판은 표면과 뒷면 2개의 층으로 되어 있다. 표면층에 태양에서 오는 에너지('광자'라고 부름)가 부딪히면 거기서 전자가 발생하여 회로를 따라 뒷면의 층으로 이동하게 된다.

실험 방법

1. 태양전지판에 있는 두 전극에 멀티미터(전류의 흐름을 측정하는 장치)를 연결한다. 매우 낮은 전류가 흐를 것이다.
2. 태양이 잘 비치는 곳에 태양전지를 내놓고 전류의 세기(암페어)를 측정해보면, 센 전류가 흐를 것이다. 태양전지판 앞을 손바닥이나 종이로 가려 그늘이 지게 했을 때 멀티미터의 눈금이 어떻게 변하나 관찰하자.
3. 실내에 들어가 태양전지판 앞 25센티미터 거리에서 손전등을 켰다 껐다 하면서 멀티미터의 암페어(전류의 세기) 수치를 관찰하고 기록하자.
4. 태양전지판과 손전등 사이의 거리를 25, 50, 75, 100센티미터로 변화시키며 암페어를 측정해보자.
5. 태양전지판을 45도 기울여 세워두고 25센티미터 거리에서 손전등을 비추었

을 때의 암페어를 측정해보자.

 실험 결과

태양전지와 손전등 사이의 거리가 멀수록 발생되는 전류는 약해진다. 거리가 2배 멀면 전류는 4분의 1로 줄어든다. 태양전지판을 45도 기울이면 같은 거리에 서라도 2분의 1로 약해진 전류가 흐른다.

 연구

태양전지는 광원(태양 또는 손전등의 불빛)이 가까울수록 센 전류를 생산한다. 태양전지판과 손전등 사이가 2배 멀 때, 전류의 세기가 4분의 1로 약해지는 것은, 불빛이 비치는 면적이 4배로 증가하는 상황이 되기 때문이다.

1. 손전등 앞에 청, 적, 황색의 색 셀로판지를 붙였을 때, 빛의 색에 따라 전류의 세기가 어떻게 변하는지 조사해보자.
2. 태양전지판이 먼지로 덮이면 전류가 약해진다. 태양전지는 어떤 곳에서 이용되는지 알아보자.

전자렌지는 왜 열을 내는가?

– 마이크로파가 음식을 데우는 원리

준비물

- 전자렌지 (마이크로웨이브 오븐)
- 2개의 온도계
- 전자렌지에 넣어도 깨어지지 않는 플라스틱 찻잔 1개
- 알루미늄 포일 (은박지)
- 종이

* 이 실험은 어른이 지켜보는 가운데 해야 안전하다.

실험 목적

부엌의 전자렌지는 단시간에 음식물을 데운다. 그 이유는 전자렌지 안에서 발생하는 '단파'라고 부르는 전자파 때문이다. 단파는 '마그네트론'(자전관)이라는 진공관에서 발생되며, 진동수가 매우 높고 파장이 짧다. 이 단파는 방송용 라디오파나 텔레비전파보다 주파수가 높기 때문에 극초단파라 부르기도 한다.

이 단파는 음식 성분 중의 물 분자를 빠르게 흔들어(진동시켜) 그 마찰로 열이 발생하게 한다. 그러나 유리, 플라스틱, 나무, 종이, 사기그릇 등의 분자는 흔들지 않고 지나쳐버려 온도를 높이지 않는다. 전자렌지 안의 실제 온도를 확인해보자.

실험 방법

1. 플라스틱 찻잔에 물을 3분의 2컵 정도 담고 전자렌지에 넣은 후 1분(60초) 동안 동작시킨다.
2. 데워진 찻잔을 밖으로 들어내고, 렌지 안에 바로 온도계를 넣고 문을 닫는다. 1분 후에 온도계의 눈금을 확인한다. (* 온도계만 넣고 전자렌지를 돌리면 안 된다.)
3. 찻잔의 물에 온도계를 꽂아 그 온도를 재고, 전자렌지 안의 온도와 비교한다.

● **주의** - 계란을 깨지 않고 전자렌지에서 가열하면 폭발이 일어나므로 절대로 그래서는 안 된다. 마찬가지로 뚜껑을 꽉 닫은 그릇을 넣고 데워도 폭발하게 된다.

4. 같은 플라스틱 찻잔에 3분의 2컵 정도의 물을 담고 그 표면을 은박지로 덮은 상태로 1분간 렌지 안에 두었다가 물의 온도를 재어보자.
5. 같은 방법으로 물 컵 표면을 종이로 덮고 1분간 데운 뒤 그 온도를 재어보자.

실험 결과

전자렌지 안에서 1분간 데운 물의 온도는 손을 댈 수 없을 정도로 뜨겁다. 그러나 금방 물을 데워낸 렌지 내부의 온도는 실내온도와 별로 차이가 없다.

은박지를 덮고 물을 데우면 물의 온도가 잘 오르지 않는다. 반면에 종이를 덮은 것은 종이를 덮지 않을 때와 마찬가지로 온도가 상승한다.

연구

음식물에는 수분이 포함되어 있으므로 그 수분이 뜨거워지면 음식은 데워지고 익게 된다. 그러나 나무나 플라스틱처럼 수분이 없는 것은 온도가 오르지 않는다. 만일 전자렌지에 넣은 사기그릇이 뜨겁다면, 그것은 음식의 열기가 그릇으로 전도된 온도일 뿐이다.

은박지로 덮인 컵 안의 물은 데워지지 않는다. 그것은 은박지의 금속(알루미늄) 성분이 전자파의 통과를 막아버리기 때문이다. 반면에 종이는 전자파를 투과시키므로 물의 온도가 오르는 것을 방해하지 않는다.

35 라디오로 전자파 발생을 검사해보자

— 전자파는 멀리 퍼지는 보이지 않는 에너지

- 라디오 수신기
- 전기면도기
- 휴대전화
- 형광등
- 전기담요
- 헤어드라이어
- 컴퓨터(PC)
- 텔레비전
- 종이와 기록장

실험 목적

전자파를 보통 전파라 부른다. 전자파는 공기 중이거나 진공이거나 멀리까지 이동할 수 있는 에너지이다. 그래서 우주 저편 다른 별이나 태양에서 생겨난 전파가 지구까지 오기도 한다. 선이 없어도 통신을 할 수 있는 이 전파를 이용하여 과학자들은 너무나 편리한 통신기계를 만들었다. 라디오와 텔레비전 방송, 워키토키, 핸드폰(셀룰러폰) 모두가 전파의 에너지가 이동해온 것을 수신기로 포착하여 그 속에 실린 정보를 주고받는 것이다.

사람들은 흔히 컴퓨터나 텔레비전 또는 전기모터, 심지어 핸드폰에서도 필요치 않는 '유해 전자파'가 나온다고 말하고 있다. 그러나 전자파가 정말 인체에 해로운지 어떤지는 아직 의학적으로 분명하게 증명되지는 못하고 있다. 그것은 아마도 거의 위험이 없기 때문일 것이다.

집안의 전기기구에서 전자파가 나오는 것을 검사하려면 전파탐지기가 필요하다. 그러나 우리들은 집에 있는 휴대용 라디오를 들고 다니며 전파가 나오는 것을 조사해보자.

실험 방법

1. 라디오 방송에는 FM방송과 AM방송 두 가지가 있다. AM방송을 켜고 적당한 크기의 소리가 나오도록 한 뒤, 아무 방송도 들리지 않는 중간 지역으로 다이얼을 돌려놓는다.
2. 이 라디오를 들고 전기가 켜진 전기면도기, 헤어드라이어, 형광등, 텔레비전, 컴퓨터, 전기담요, 휴대폰 옆에 가져가보자. 휴대폰은 통화 중이어야 한다.
3. 라디오를 가까이 가져갔을 때 찌익! 부웅- 등의 잡음이 나오면, 그것은 필요치 않은 전자파가 발생하여 라디오 수신기를 통해 잡음이 된 것이다.
4. 그 외에 여러 가지 전기제품 옆에서 전파 발생을 확인해보자. 각각의 전기장치에서 들려오는 잡음이 어떻게 다른지도 노트에 기록한다.

실험 결과

전기장치에는 대개 모터가 들어 있고 모터가 돌면 전자파가 약간 발생한다. 여

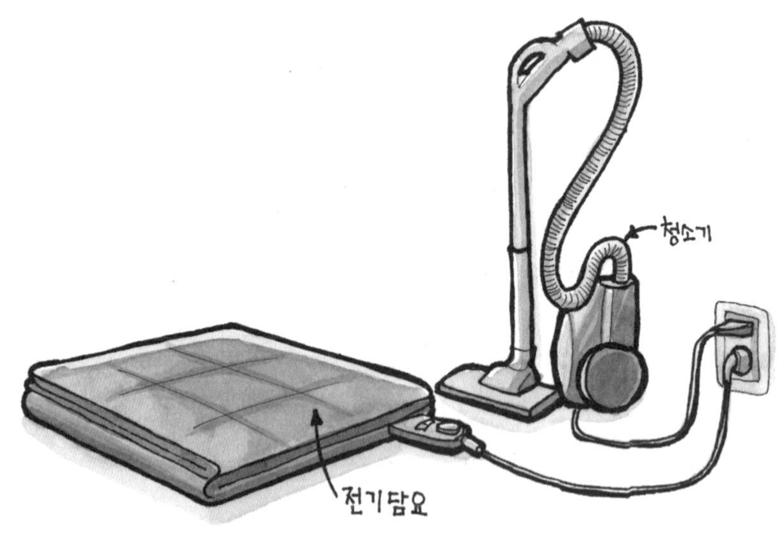

러분이 조사한 거의 모든 전기장치에서 전자파가 발생하는 것을 알 것이다. 그 동안 집안의 형광등을 켜고 끌 때마다 라디오에서 찌익! 하고 잡음이 생기던 것은, 전기가 연결되고 끊어질 때도 전파가 생겨나기 때문이다.

 **연구**

라디오 대신 휴대폰으로 전파발생을 검사할 수 있다. 우선 친구에게 휴대폰으로 전화를 연결한 다음, 두 사람 모두 말을 하지 말고 조용한 가운데, 전화기를 각각의 전기기구 옆에 가져갔을 때, '전화기에서 어떤 잡음이 나왔는지' 친구에게 물어 확인한다. 전기기구에서 나온 전자파는 목소리가 아닌 잡음이 되어 친구의 귀에 들렸기 때문이다.

'전자파 차단 스크린'이라며 판매하는 것이 있다. 이것은 금속이 전자파를 흡수하는 성질을 이용하여, 플라스틱이나 유리판 안에 금속 입자를 섞어 전자파를 흡수하도록 한 것이다.

1. 어떤 전기기구에서 전자파가 큰 소리로 강하게 발생하는지 조사해보자.
2. 큰 건물 안이나 깊은 지하에 들어가면 방송이나 휴대폰이 왜 잘 들리지 않을까?

파도와 음파의 관찰

— 파동은 에너지가 이동하는 것이다

- 코르크 (또는 스티로폼) 조각
- 줄넘기 끈
- 큰 대야의 물
- 작은 돌멩이

실험 목적

파도가 일렁이고 있는 바다를 보면, 에너지는 파의 형태로도 전달된다는 것을 알 수 있다. 음파라든가 라디오파 역시 에너지를 가진 파동이다. 파도를 보면 높은 산과 깊은 골짜기를 연달아 만들며 이동한다. 파도의 산과 산 사이 길이를 '**파장**'이라 하고, 산과 골짜기 사이의 높이를 '**파고**' 또는 '**진폭**'이라 한다 (그림1 참고).

파장은 파에 따라 매우 다르다. 바다 밑에서 지진이 일어나거나 화산이 터졌을 때 생겨나는 해일의 파장은 아주 길어, 그 파장이 약 160킬로미터인 경우도 있었다. 한편 피아노 건반의 중간 '도'음은 1초에 550회(헤르츠) 오르내리는데, 그 파

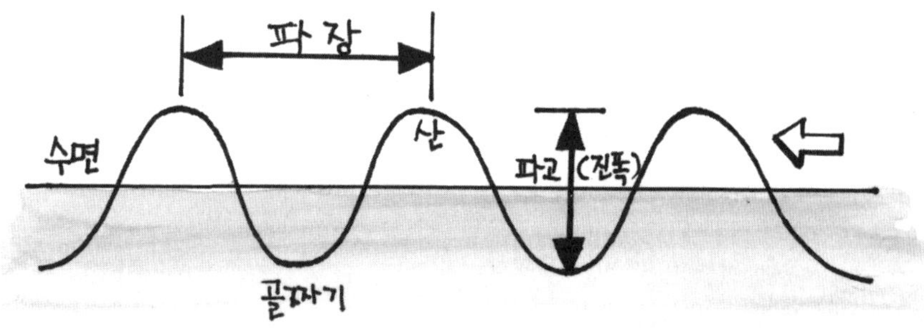

그림1

장은 60센티미터이다. 음파라든가 수면파가 어떻게 에너지를 전달하는지 관찰해 보자.

실험 방법

1. 그림2와 같이, 큰 대야에 물을 가득 담고 수면에 코르크(또는 스티로폼) 조각을 얹어놓는다. 물에 작은 돌을 떨어뜨렸을 때 코르크는 파에 밀려 이동하는지, 그 자리에 있는지 관찰해보자.
2. 친구와 함께 줄넘기 끈을 잡고 한쪽 사람이 줄을 아래위로 흔들면, 그 에너지는 줄을 파도처럼 흔들면서 반대쪽 친구의 손에 전달된다. 서로 교대로 줄을 흔들어, 줄을 따라 파형으로 이동해온 에너지를 느껴보자 (그림3).
3. 긴 줄의 한쪽 끝을 벽의 못에 매어두고, 다른 끝을 잡고 흔들어보아 줄이 만드는 파장과 진폭을 재어보자. 이때는 친구가 옆에서 측정해주어야 한다.

그림2

실험 결과

첫 번째 실험에서, 대야 속의 코르크 조각은 그 자리에서 오르내릴 뿐, 파가 이동하는 쪽으로 움직이지 않는다.

두 번째 실험을 해보면, 상대 친구가 흔든 에너지가 자기 손에 크게 전달되는 것을 곧 느끼게 된다.

세 번째 실험에서는 줄을 천천히 크게 흔들면 파장이 길고 진폭이 큰 파가 만들어지고, 줄을 빠르게 흔들면 파장이 짧고 진폭이 작은 파가 만들어진다.

그림3

 **연구**

파도가 밀려오는 것을 보면 물이 앞으로(해변으로) 밀려나오고 있는 것처럼 보인다. 그러나 실제로 물은 거의 그 자리에 있고, 에너지가 지나가는데 따라 오르내릴 뿐이다.

파도가 크게 일고 있는 바다에 떠 있는 작은 배를 관찰해보자. 배는 파도를 따라 쑥 올라오고 쑥 내려가고 하지만 파도에 밀려가지는 않는다. 만일 배가 밀려간다면 그것은 파도의 힘이 아니고 바람의 힘에 떠밀리고 있는 것이다.

파도는 바람이 만든 에너지가 수면을 따라 전달되는 것이고, 음파는 물체가 진동한 에너지가 공기를 움직이게 하여 전달되는 것이다.

오르내리던 파도가 수심이 얕은 해안에 도달하면, 밑바닥의 지면을 따라 가장자리로 밀려올라간다. 파도타기 스포츠는 파도가 심한 날 해저 지형이 특별한 해변에서 하는 운동이다. 방송국에서 보내는 전파 역시 파동으로 멀리까지 전달된 에너지이다. 음파는 공기가 있어야 전달되지만 전파(전자파)는 진공 속으로도 전달된다.

신기루가 생기는 원인을 알아보자

— 물을 부으면 동전이 떠올라 보인다

- 공작용 점토
- 동전 1개
- 사기로 만든 작은 국그릇(종발)
- 친구나 부모

실험 목적

빛은 직선으로 나아간다. 그러나 도중에 물, 유리, 공기 등의 밀도가 다른 물질을 지나갈 때는 그 경계면에서 진행방향이 약간 꺾이게 된다. 이것을 굴절이라 말한다.

아침에 지평선이나 수평선 위로 태양이 막 떠오른 것을 보고 있다면, 실제의 태양은 아직 수평선 바로 밑에 있다. 반대로 서쪽 수평선에 걸린 태양을 보고 있다면, 태양은 이미 져버린 시간이다. 태양은 왜 미리 떠올라 보이고 늦게 지는 것처럼 보이는지 그 이유를 실험으로 알아보자.

실험 방법

1. 공작용 점토를 밤알 만하게 둥글게 뭉쳐 국그릇의 바닥에 놓는다.
2. 동전을 점토의 중간쯤에 꾹 눌러 붙인다.
3. 이 국그릇을 식탁 끝에 올려놓는다.
4. 식탁 가까운 위치에

그림1

서서 국그릇을 내려다보면 점토와 동전이 보일 것이다. 한 걸음씩 뒤로 물러서면서 국그릇의 가장자리에 가려 동전이 보이지 않게 되는 곳에 멈춘다.

5. 친구에게 국그릇에 물을 부어보라고 말한다. 물이 담기자 그릇의 동전이 떠올라 보이지 않는가!

 실험 결과

국그릇에 물을 담는 순간, 보이지 않던 동전이 마술처럼 떠올라 보이게 된다. 이것은 동전에서 나온 빛이 물의 표면을 벗어나 공기 중으로 나올 때 그림1과 같이 굴절현상이 일어나기 때문이다. 이와 마찬가지 현상이 일출과 일몰시에 나타난다.

 연구

지구의 둘레는 공기가 둘러싸고 있고, 그 바깥은 진공상태이다. 그러므로 태양에서 오는 빛이 대기층을 만나면 아래로 굴절된다. 그림2를 보자. 태양은 아직 떠오르지 않았지만, 벌써 수평선 위로 올라온 것처럼 보이게 된다. 저녁 일몰 때는 반대현상이 나타난다. 태양은 아직 수평선 위에 있는 것처럼 보이지만 실제로는 이미 아래로 내려간 뒤이다.

사막을 여행하는 사람들은 가끔 신기루를 보았다고 말한다. 사막지방에서 지면에 가까운 공기는 매우 뜨거워 높은 하늘의 공기와는 다른 굴절현상을 일으킨다. 보이지 않던 동전이 물을 붓자 떠올라 보이는 것과 비슷한 굴절현상이 사막에서 일어나면, 지면이나 공중에서 신기루를 목격할 수 있게 된다.

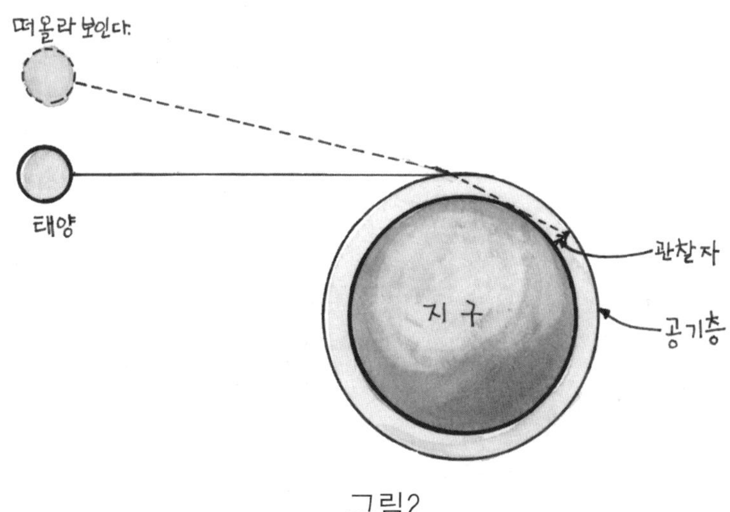

그림2

수평선상의 해는 왜 찌그러져 보이나?

– 공기의 굴절현상을 관찰해보자

- 연필과 종이
- 확대경
- 제도용 컴퍼스

실험 목적

이른 아침 수평선상에 떠오르는 태양을 보면 찌그러진 원으로 보인다. 뜨겁게 달아오른 아스팔트 위를 달리는 차들도 멀리서 보면 역시 찌그러진 모습이다. 이러한 현상의 원인은 공기에 의한 빛의 굴절 때문이다. 이것을 확대경을 이용하여 확인해보자.

실험 방법

1. 흰 종이 위에 직경 2.5센티미터 되는 작은 원을 그린다.

2. 확대경을 손에 들고 동그란 원을 보자.
3. 확대경을 좌우로 또는 아래위로 움직여 원을 보았을 때, 원의 모양이 찌그러져 보이지 않는가? 그 이유는 무엇일까?

실험 결과

확대경의 중앙부에서 원을 보면 동그란 모양이지만, 옆으로 벗어나면 원의 모양이 길어지거나 납작해지거나 하며 찌그러진 원으로 보인다.

연구

확대경의 볼록렌즈 두께는 중앙 부위는 두텁고 주변은 얇다. 이러한 확대경을 이동시키면서 둥근 원을 보면, 두터운 곳을 지날 때는 빛이 많이 굴절되고 (굴절각도가 크고), 얇은 부분을 지날 때는 적게 굴절되므로 비뚤어진 원으로 보이는 것이다. 이와 마찬가지로 수평선이나 지평선 상에 놓인 태양의 빛은 두께와 밀도가 다른 공기층을 지나오기 때문에 굴절되어 일그러진 원으로 보이게 된다.

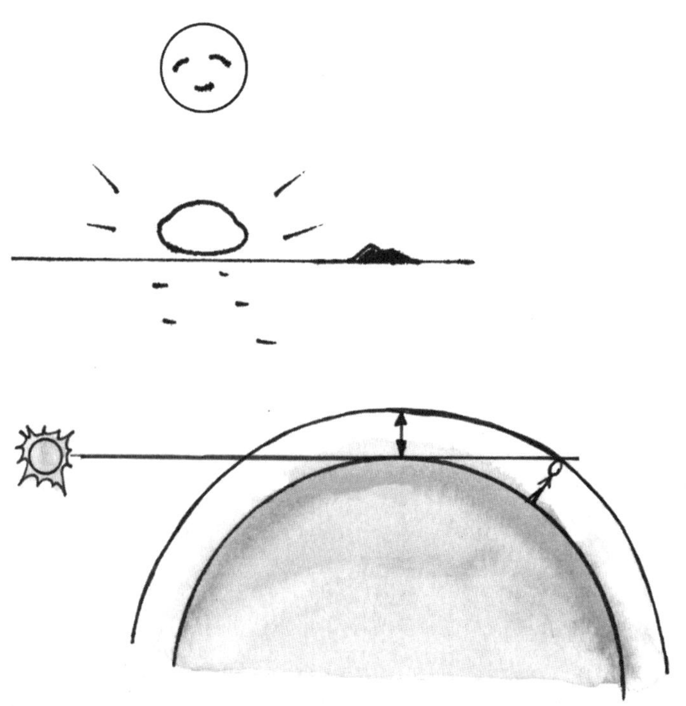

소리는 얼마나 빨리 전달되나?

— 메아리가 구별되는 거리를 측정해보자

- 학교나 아파트와 같은 큰 건물
- 긴 줄자
- 친구
- 초침이 있는 시계
- 이른 아침

실험 목적

공기 중에서 소리가 전달되는 속도는 1초에 약 335미터이다. 소리의 속도는 일정하지 않아 기온이 낮으면 좀더 빨라지고, 기온이 높으면 약간 느려진다. 물속에서는 공기 중에서보다, 그리고 금속을 통해서는 더욱 빨리 전해진다.

높은 산에서 야호! 하고 외쳤을 때 되돌아오는 소리를 '반향' 또는 '메아리'라고 말한다. 소리가 출발하여 반대쪽 물체에 부딪혀 되돌아오는 시간을 재면, 그곳까지의 거리를 잴 수 있다. 큰 시멘트 건물 안에서 말을 할 때 웅웅거리는 소리로 들리는 것은 반향이 본래 소리와 뒤섞인 때문이다. 우리는 몇 미터 거리에서 본음과 반향을 구분하여 들을 수 있을까?

실험 방법

1. 번개가 치는 날, 섬광을 본 뒤 몇 초 후에 천둥소리가 들리는지 측정하여, 번개가 발생한 곳과의 거리를 계산해보자.
2. 조용한 아침 시간에 큰 건물 앞 10미터 떨어진 곳에서 야! 소리를 지른 뒤(또는 박수소리를 딱! 낸 뒤), 그 반향이 본음과 구별되어 똑똑히 들리는가? 만일 구분이 되지 않으면 1미터 더 뒤로, 2미터, 3미터, 4미터 … 10미터 더 뒤로 물러가서 야! 하고 소리질러보자. 어느 거리에서 반향을 확실히 구분하여 들을 수 있는가?
3. 함께 간 친구는 몇 미터 밖에서 반향을 구별하는가? 여러 친구들과 같은 실

험을 하여 반향이 구별되기 시작하는 거리의 평균값을 구해보자.

 실험 결과

사람들은 대개 16.5미터 전후에서 반향을 구분하여 듣는다. 소리는 1초에 335미터를 진행하므로 귀는 약 0.3초 간격까지 메아리를 구분할 수 있다고 하겠다.

 연구

번개가 치는 날, 섬광을 본 뒤 거대한 천둥소리가 들리기까지의 사이 시간이 10초라면, 약 3350미터 밖에서 번개가 친 것이다. 번개는 한순간 번쩍였는데 천둥소리는 왜 길게 여러 차례 들리는 것일까? 건물이나 지형 여기저기 부딪힌 반향과 함께 들려온 탓도 있지만, 천둥소리는 높은 구름에서 지상까지 고압의 전기가 흐른 길을 따라 계속 생겨났기 때문이기도 하다.

* 에너지란?

나뭇가지를 흔드는 바람의 힘, 개미가 먹이를 물고 가는 힘, 자동차가 달리는 힘 이 모두가 '에너지'이다. 자석이 쇠를 끌어당기는 힘(자력), 태양이 지구를 당기는 중력, 수증기가 냄비 뚜껑을 들어올리는 힘, 높은 곳에 있는 바위가 아래로 굴러 내리는 힘(중력), 투수가 던진 공이 날아가는 힘, 이 모든 것이 에너지이다. 이 세상의 물체(기체, 액체, 고체)는 모두 에너지를 가지고 있다.

물리학자들은 '에너지란 일하는 능력이며, 어떤 물체를 어느 거리만큼 이동시킬 수 있는 힘'이라고 말한다. 에너지는 그 성질에 따라 여러 가지 이름으로 불린다. 태양에너지, 기계에너지, 화학에너지, 전기에너지, 유체(액체나 기체)에너지, 열에너지, 빛에너지, 소리에너지, 압력에너지, 온도에너지, 원자력(핵)에너지, 전자기파에너지, 음식물이 힘으로 변하는 대사에너지, 태풍이나 파도와 같은 기상에너지, 중력에너지(인력), 자석이 가진 자기에너지 등이 그것이다.

이러한 에너지는 그 힘을 다른 모습으로 바꾸거나 옮길 수 있다. 예를 들면 굴러간 당구공이 다른 공에 부딪치면, 맞은 공이 에너지를 전달받아 밀려간다. 또한 에너지는 다른 성질의 에너지로 바뀔 수 있다. 태양에서 온 빛이나 레이저광선의 빛은 열에너지로 변한다. 수력발전소에서 떨어진 물의 에너지(위치에너지)는 전기에너지로 바뀐다.

아인슈타인 박사는 물질이 에너지로 되고, 반대로 에너지가 물질로 변할 수 있다는 사실을 발견하고, $E=mc^2$라는 유명한 자연법칙을 이끌어냈다.

식물은 태양에너지를 받아 위치에너지 상태로 영양분을 저장한다. 위치에너지를 가진 장작이 불타면 빛에너지와 열에너지로 변한다. 언덕 비탈에 놓인 바위는 멈추어 있지만 중력이 작용하는 위치에너지를 가지고 있어 아래로 구르면 운동에너지를 나타내게 된다. 이처럼 운동에너지와 위치에너지는 서로 바뀔 수가 있다.

에너지와 운동

공중으로 떠오르는 비누방울

— 더운 공기는 가벼워 위로 올라간다

준비물

- 글리세린 (약국에서 판매한다)
- 식빵을 굽는 토스터 (또는 휴대용 가스렌지)
- 작은 컵
- 액체 비누 (샴푸비누 등)
- 차수가락
- 펜치
- 구리철사 (또는 철사) 15센티미터 정도

실험 목적

더운 공기는 가벼워 공중으로 올라간다. 아스팔트 위의 아지랑이, 연기, 수증기, 겨울 아침의 입김 등이 위로 오르는 것은 더운 공기인 탓에 가벼워졌기 때문이다. 1783년 6월, 프랑스의 몽골피에 형제는 질긴 종이로 커다란 공기주머니를 만들고 그 안의 공기를 장작불로 뜨겁게 데워 공중으로 떠오르는 열기구를 만들었다. 사람이 타지 않은 최초의 이 열기구는 공중으로 1,600미터나 높이 올라갔다.

오늘날에 와서 스포츠의 하나로 발전한 열기구는 1950년대 후반에 미국에서 개발되었다. 이 열기구는 프로판가스 버너로 기구 안의 공기를 데우는데, 한번 떠오르면 몇 시간씩 비행하기도 한다. 우리는 실험으로 수십 개의 비누방울 열기구를 만들어 동시에 떠오르게 해보자.

실험 방법

1. 컵에 반쯤 물을 담고 거기에 차수가락으로 액체비누 반 스푼을 넣은 뒤, 다시 글리세린 1스푼을 섞어 잘 휘젓는다. 글리세린은 불이 붙을 수 있으므로

● **주의** - 가스렌지를 그냥 사용하면 화재 위험이 있으므로 프라이팬을 올려둔 상태로 불을 조정하여 실험한다. 이 실험을 할 때는 반드시 부모가 옆에 계셔야 한다.

불 가까이 가져가지 않는다.

2. 펜치를 이용하여 구리철사 (철사도 가능) 끝을 그림과 같이 50원짜리 동전 크기의 구멍이 생기도록 고리를 만든다.
3. 이 철사 고리를 컵 속의 비눗물에 적신 뒤 고리 쪽을 입 바람으로 후- 불면 커다란 비누방울이 생긴다.
4. 열기를 내고 있는 토스터나, 프라이팬을 올려놓은 가스렌지 위 50~80센티미터 높이로 비누방울을 불어 날려보자. 공기 중에서 불 때와 열기가 있는 곳으로 불 때 어떤 차이가 나는가?

실험 결과

뜨거운 토스터 위의 비누방울은 그 안의 공기가 데워져 가벼워지므로, 방울이 커지면서 공중으로 떠오른다. 비누방울 열기구가 된 것이다.

연구

몽골피에가 열기구를 만든 그 해 12월, 물리학자 자크 샤를은 공기주머니 안에 가장 가벼운 기체인 수소를 집어넣어 불을 때지 않고도 하늘로 떠오르는 기구를 만들었다. 수소를 넣은 기구는 폭발할 위험이 있으므로 오늘날의 기구는 불에 타지 않는 가벼운 기체인 헬륨을 채우고 있다. 기구는 어떤 곳에 이용되는지 알아보자.

41 오래 녹지 않는 눈사람

– 어떤 색의 모자가 눈사람을 빨리 녹게 할까?

- 비슷한 크기와 모양의 눈사람 (또는 눈 덩이) 몇 개
- 커다란 비닐 봉투 검정색과 흰색
- 나무젓가락 몇 개

실험 목적

겨울철에 눈이 내리면 어린이들은 즐겁게 눈사람을 만든다. 다 만든 눈사람을 어떤 곳에 두어야 빨리 녹아버리지 않고 오래 보존할 수 있을까?

실험 방법

실험 1.

비슷한 크기와 모양의 눈사람을 2개 만들어 하나는 그늘진 곳에 두고, 하나는 햇볕

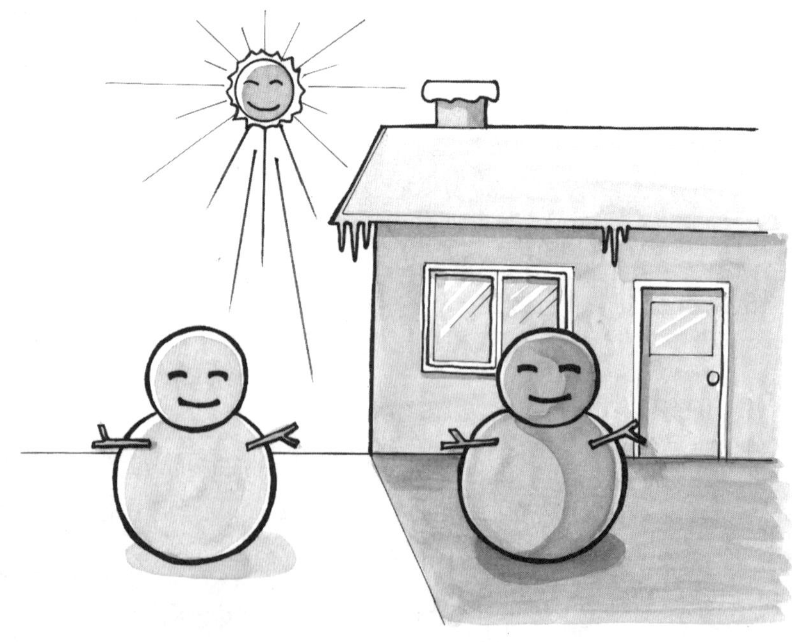

이 잘 드는 곳에 두어, 어디에 놓아 둔 눈사람이 잘 녹지 않고 오래 가는지 관찰한다.

■ 실험 2.

1. 비슷한 크기와 모양의 눈사람을 2개 만들어 햇볕이 잘 드는 곳에 나란히 놓는다. 만일 눈이 조금 내려 눈사람을 여러 개 만들기 어렵다면 눈 덩이 몇 개를 뭉쳐서 나란히 놓아도 된다.
2. 하나의 눈사람 (또는 눈 덩이) 머리에는 검은 비닐 봉투를 모자처럼 씌우고, 다른 하나에는 흰색 비닐 봉투 모자를 씌운다.
3. 비닐 봉투가 바람에 날아가지 않도록 나무젓가락 몇 개를 비닐 가장자리에 꽂아둔다.

■ 실험1의 결과

햇볕을 잘 받는 곳에 놓아둔 눈사람이 빨리 녹는다.

■ 실험2의 결과

검은 비닐 모자를 쓴 것은 태양에너지를 더 잘 흡수하여 흰색보다 먼저 녹는다.

 연구

겨울철에 햇볕이 잘 드는 운동장이나 마당에 만들어 둔 눈사람은 며칠 지나지 않아 다 녹아버린다. 그러나 큰 나무 아래나 건물 북쪽 그늘진 곳에 눈사람을 둔다면 오래 보존할 수 있다. 또한 검은 모자를 쓴 눈사람은 태양에너지를 더 잘 흡수하여 먼저 녹게 된다.

1. 눈사람을 여럿 만들어 나란히 두고 흰색, 노랑색, 푸른색, 검은색 비닐 봉투를 모자처럼 씌워두었을 때, 어떤 색 모자를 쓴 눈사람이 더 오래 녹지 않는지 비교해보자.

42 뜨거운 수증기는 일을 한다

– 끓는 물의 수증기로 바람개비를 돌려보자

준비물

- 장난감 바람개비
- 바람개비를 끼울 90도 각도로 휜 약 50센티미터의 굵은 철사
- 가스렌지
- 뚜껑에 작은 증기 구멍이 있는 냄비

● **주의** - 뜨거운 물 또는 수증기에 화상을 입을 염려가 있으므로 어른이 지켜보는 곳에서 실험한다.

실험 목적

물에 열에너지를 주면 액체상태이던 물은 기체상태인 수증기로 변한다. 우리는 뜨거운 수증기가 가진 에너지를 이용하여 기관차를 달리게 하고, 기선을 움직이며, 화력발전소에서는 증기의 힘으로 돌아가는 터빈을 이용해서 전기에너지를 생산하기도 한다. 솥에서 나오는 수증기의 힘으로 바람개비를 돌려보자.

실험 방법

1. 묵직한 뚜껑을 가진 냄비에 물을 3분의 1쯤 담고 가스렌지 위에서 데운다. 물이 끓기 시작하면 작은 구멍으로 증기가 세차게 나오게 된다.
2. 철사의 앞쪽 끝 10센티미터 위치를 90도 각도로 휘고 그 끝에 바람개비를 잘 돌아가도록 단다.
3. 뚜껑의 구멍에서 뿜어 나오는 수증기 위에 바람개비가 정면을 향하도록 놓아 얼마나 힘차게 돌아가는지 관찰한다.

실험 결과

수증기의 힘으로 바람개비가 돌아가는 것은 열에너지가 바람개비를 돌리는 에너지로 변한 것이다. 화력발전소에서는 석유나 석탄을 태워 끓인 물에서 나오는 수증기로 터빈(바람개비)을 돌려 전기를 생산하고 있다.

연구

기계나 공장에서 이용하는 바람개비로는 선풍기나 송풍기의 날개, 비행기의 프로펠러, 선박의 스크루, 풍차의 날개, 바람의 힘으로 전기를 일으키는 풍력발전기의 날개, 화력발전소의 증기터빈 등이 있다. 바람개비는 날개가 2개, 3개, 4개인 것과 더 많은 것이 있다.

1. 수증기 구멍과 바람개비 사이의 거리를 멀리하면 회전하는 속도가 어떻게 변하는가?
2. 바람개비가 효과적으로 잘 돌게 하려면 날개 구조를 어떤 모양으로 디자인해야 할까?
3. 바람개비는 어떤 종류의 기계에서 어떻게 이용되고 있나 조사해보자.

43 사이다 속의 탄산가스가 가진 에너지

– 탄산음료 속에 저장된 에너지로 풍선을 분다

- 고무풍선
- 사이다, 콜라, 세븐업 등의 탄산음료가 든 병

실험 목적

사이다나 콜라, 맥주 또는 발효 포도주(샴페인)가 든 병의 뚜껑을 열면, '펑' 소리가 나면서 '쉬–' 하는 소리와 함께 기포가 힘차게 솟아 나온다. 탄산음료 속의 기체(이산화탄소, 일명 탄산가스)가 뿜어 나오는 힘을 이용하여 풍선을 부풀리면서 음료수 안에 얼마나 많은 기체가 녹아 있는지 알아보자.

실험 방법

1. 새 고무풍선을 잘 부풀도록 두 손으로 쥐고 사방으로 가볍게 당겨준다.
2. 탄산음료수의 병뚜껑을 열자마자 병 입에 고무풍선의 입구를 끼운다.
3. 병을 흔들어 많은 기체가 나오게 하여 풍선을 부풀리자. 그리고 얼마나 많은 양의 기체가 녹아 있었는지 관찰해보자.

실험 결과

탄산음료 속에서 높은 압력을 받으며 녹아 있던 탄산가스는 꽉 닫혔던 뚜껑이 열리는 순간 기압이 낮아지므로 한꺼번에 기체가 되어 나오게 된다. 이때 발생한 탄산가스는 풍선을 커다랗게 부풀게 한다.

연구

'가스'는 '기체'와 동일한 의미로 잘 쓰는 말이다. 탄산가스(이산화탄소)는 우리가 내쉬는 숨 속에 많이 들어 있으며, 나무나 기름이 탈 때 나오는 기체이다. 식물은 이 탄산가스를 흡수하여 탄수화물(전분, 당분) 등의 영양물질을 만든다.

탄산음료는 음료 속에 탄산가스를 높은 압력으로 녹여 밀폐한 것이다. 탄산가스는 다른 기체에 비해 물에 잘 녹는 성질이 있다. 탄산가스(기체)는 압력을 높게 할수록 더 많은 양이 물에 녹는다. 또 온도가 높은 물보다 저온일수록 더 잘 녹는다. 이렇게 음료 속에서 고압 상태로 있던 가스는 압력이 없어질 때 기포가 되어 나오면서 풍선을 부풀린다.

공기 중에서 나무(탄소) 등을 태우면 이산화탄소가 생겨난다. 그러나 연소가 불완전하면 일산화탄소가 발생하며, 이 기체는 인체에 매우 유독하다. 일산화탄소는 연탄이 탈 때라든가 자동차 엔진에서 생겨나기 쉽다.

1. 이산화탄소는 왜 다른 기체보다 물에 잘 녹을까?
2. 탄산음료를 마시면 왜 시원한 맛이 느껴질까?
3. 샴페인 병 속의 탄산가스는 왜 생겨난 것일까?

44 더 멀리 굴러가는 물병

– 위치에너지, 질량 그리고 중력의 관계

- 작은 플라스틱 물병 2~4개
- 붉은 벽돌 (또는 책)
- 줄자
- 폭 20센티미터, 길이 1미터 정도의 반듯한 판자 2매

실험 목적

물체는 높은 곳에 있는 것일수록, 그리고 무거울수록(질량이 클수록) 중력에 끌리는 더 큰 에너지를 가지고 있다. 똑 같은 크기와 모양의 플라스틱 물병에 물을 담아 비탈을 따라 굴러 내리게 했을 때, 물병의 무게에 따른 위치에너지를 비교해보자.

실험 방법

1. 넓은 방이나 마루에서 그림과 같이 벽돌을 4개씩 나란히 차곡차곡 쌓고, 그 위에 판자의 한쪽 끝을 걸쳐 경사지게 놓는다. 만일 벽돌이 없으면 책을 30센티미터 정도 높이로 쌓아도 된다.
2. 두 개의 플라스틱 물병 중 하나는 빈병으로 두고, 다른 한 병에는 물을 가득 채우고 마개를 잘 닫는다.
3. 두 개의 물병을 판자 위쪽 같은 위치에서 동시에 놓아 경사를 따라 굴러 내리도록 한다. 이때 물병에 힘을 주지 않고 저절로 굴러내리도록 한다.
4. 어느 물병이 더 멀리 굴러 가는가? 줄자로 굴러간 거리를 재어 비교해보자.
5. 물병에 작은 컵으로 1컵의 물, 2컵의 물, 4컵의 물을 담아 각각 굴러 내렸을 때, 각기 얼마나 멀리 굴러 내렸는지, 그 거리를 재어 비교해보자. 물의 무

● **주의** - 위의 3가지 실험은 한번으로 끝내지 말고 적어도 같은 실험을 3차례 이상 반복하여 구른 거리의 평균값을 구하도록 한다.

게와 구른 거리 사이에 어떤 관계가 있을까?

6. 이번에는 벽돌을 2장, 3장, 4장씩 다른 높이가 되게 쌓아놓고 같은 무게의 물병을 굴러내려 각각의 이동한 거리를 비교해보자.

실험 결과

1. 빈병보다 물을 담은 병이 멀리 굴러 내린다.
2. 물병에 든 물의 양이 많을수록(무거울수록, 질량이 클수록) 경사면을 더 멀리 굴러간다.
3. 벽돌의 높이가 높을수록 물병은 더 멀리 굴러 내린다.

연구

더 멀리 구를 수 있는 병은 그렇지 않은 병보다 "더 많은 운동량을 가지고 있다."고 말한다. 이때 '운동량'이란, 물체가 더 멀리 이동할 수 있는 힘을 말한다. 빈병보다 물이 담긴 병이 멀리 구르고, 물이 많이 담길수록 더 멀리 가는 것은 운동량이 그만큼 크기 때문이다.

에너지의 이동 현상을 관찰해보자

— 태양에너지는 파의 형태로 전달된다

- 커다란 사각 쟁반이나 널따란 물통
- 탁구공 2개

실험 목적

하늘에는 수많은 별들이 반짝이고 있다. 그 빛들은 우주 공간을 거쳐 지구까지 온 것이다. 별빛이든 태양빛이든 그 빛(에너지)은 어떤 방법으로 먼 거리를 올 수 있을까?

 실험 방법

1. 사각 쟁반을 식탁 위에 올려놓고 그 안에 3센티미터 정도 깊이로 물을 담는다.
2. 쟁반의 양쪽 가장자리에 탁구공을 각각 놓고, 수면이 잔잔해지도록 기다린다.
3. 한쪽의 탁구공을 손가락으로 살짝 눌렀다가 놓아보자. 건너 쪽에 놓인 탁구공에 어떤 변화가 생기는가?

 실험 결과

한쪽 탁구공을 눌렀다가 놓으면 그 파문이 금방 반대쪽까지 전달되어 건너 있던 탁구공도 오르내리게 된다.

 연구

물의 파동이 전달되듯이, 아득한 별로부터 오는 빛도 파의 형태로 전달된다. 먼 바다에서 화산폭발이나 지진으로 일어난 큰 파도의 힘이 수천 킬로미터 떨어진 해안까지 전달되는 이유도 이 실험으로 이해할 수 있다.

46 마찰을 줄이면 에너지가 절약된다

– 속도가 빠른 차와 비행기는 유선형이다

- 단단한 마분지 또는 골판지 (가로, 세로 각 30센티미터 정도)
- 비닐 랩
- 접착테이프
- 젖지 않은 네모난 세수 비누
- 물
- 자
- 연필과 노트

실험 목적

달리는 자전거를 멈추게 하려면 브레이크 손잡이를 당긴다. 그때 바퀴 옆의 고무판(브레이크)이 바퀴를 강하게 눌러 바퀴의 회전을 중지시킨다. 고무판의 마찰이 운동하는 바퀴의 에너지를 없애버린 것이다. 그래서 '마찰력은 움직이는 물체의 운동 속도를 느리게 만드는 힘'이라고 말한다. 마찰력이 에너지를 얼마나 뺏어 가는지 간단한 방법으로 측정해보자.

실험 방법

1. 반반한 마분지 표면 중앙쯤에 연필로 수평한 선(출발선)을 표시한다.
2. 마분지 표면을 비닐 랩으로 완전히 감싼다. 뒷면으로 넘어간 랩의 가장자리는 접착테이프로 붙여 움직이지 않도록 한다.
3. 네모난 세수 비누를 출발선에 놓은 후, 그림과 같이 한손으로 마분지를 천천히 세운다.
4. 어느 정도 높이까지 세우면 바닥에 붙어 있던 비누는 아래로 미끄러지기 시

작한다. 이때의 마분지 높이가 몇 센티미터인지 자로 재어 기록한다. 몇 차례 반복 실험하여 평균 높이를 구한다.

5. 이번에는 마분지 표면에 물을 바른 다음, 같은 방법으로 실험을 한다. 몇 센티미터 높이에서 미끄러져 내리기 시작하는가?

실험 결과

물을 바르지 않은 마분지 위의 비누는 마찰력이 강하게 작용하여 쉽게 미끄러져 내리지 않는다. 그러나 물을 바른 마분지 위의 비누는 훨씬 낮은 높이에서 미끄러져 내린다.

연구

마분지 위에 놓인 비누가 미끄러지는 것은 마찰력이 지구의 중력을 더 이상 이길 수 없는 상태가 되었기 때문이다. 비누가 미끄러지기 시작하는 높이에서 마찰력보다 지구의 중력이 더 강해진 것이다.

이 실험에서 물은 마찰력을 줄이는 작용을 했다. 비가 내려 젖은 길을 달리는 차는 마른 땅보다 제동이 잘 걸리지 않는 것도 물 때문에 마찰력이 줄어든 탓이다. 얼음 위에서 스케이트를 지치면 날 아래의 얼음이 순간적으로 녹아 물이 되므로 잘 미끄러진다.

47 나무그늘 아래의 기온을 측정해보자

— 큰 나무 밑에 가면 왜 시원할까?

- 온도계
- 햇빛 쨍쨍 비치는 여름 한낮
- 큰 나무(정자나무) 그늘 아래

실험 목적

여름 한낮에는 기온이 섭씨 30도를 넘기 예사이다. 햇빛이 강하면 더욱 덥게 느껴진다. 이런 날, 바닷가의 모래를 맨발로 밟으면 뜨거워 걸을 수조차 없다. 햇볕 아래에 세워둔 승용차 문을 열었을 때의 그 열기와, 좌석에 앉았을 때 피부에 닿는 뜨거움은 대단하다.

시골마을의 가운데나 들판 여기저기에는 큰 정자나무가 있다. 여름철에 사람들이

더위를 피하는 거목의 그늘 아래와 그 바깥 양지의 온도를 측정하여 비교해보자.

관찰 방법

1. 나무그늘 아래에 들어가 온도계를 자기의 어깨 높이에 들고 3,4분 기다려 온도를 재어 기록한다. 만일 주변에 나무그늘이 없으면 큰 건물의 그늘에 들어가 같은 방법으로 온도를 잰다.
2. 그늘 바깥으로 나가 햇빛이 비치는 곳에서 어깨높이의 기온을 잰다. 그늘과 몇 도 차이가 나는가?
3. 지면 10센티미터 높이의 온도와 어깨높이의 온도차를 조사해보자.
4. 나무그늘 아래는 왜 시원한지 그 이유를 생각해보자.
5. 더운 여름 땡볕에 10분쯤 세워둔 차안의 온도를 측정해보자.

관찰 결과

큰 나무 밑에 가면 시원하게 느껴진다. 실제로 나무그늘 아래는 큰 온도 차이는 아닐지라도 그 바깥보다 기온이 낮다.

연구

큰 나무의 무성한 잎은 짙은 그늘을 만들어 뜨거운 지열이 생기는 것을 막아준다. 또한 수많은 나뭇잎은 뿌리에서 빨아올린 수분을 공기 중으로 뿜어내고 있다. 이를 '잎의 증산작용'이라 한다. 더운 날 마당에 물을 뿌리면 물이 수증기로 변하면서 주변의 열을 식혀주어 시원해진다. 이와 같은 이유로 나무그늘 아래는 기온이 내려간다.

학교 건물이나 집 주변에 나무를 심는 것은 아름답게 만드는 이유도 있지만, 여름철에 건물이 뜨거워져 더운 교실이 되는 것을 막아주는 효과도 있으며, 겨울에는 찬바람을 막아주는 역할을 한다. 실제로 숲 속의 집은 맨땅의 집에 비해 매우 시원하다.

옛 선조들은 마을이나 들판 가운데 느티나무나 은행나무 등을 키워 짙은 그늘을 만들고, 더운 날 일하다가 그곳에서 쉴 수 있도록 했다. 이런 그늘나무를 우리는 '정자나무'라 부른다.

48 우리 집은 보온이 잘 되는가?

— 집안의 열기가 빠져나가는 틈새를 조사해보자

- 우리 집
- 바람이 심한 날
- 새의 깃털 (또는 가느다란 실오라기)
- 연필과 종이

실험 목적

바깥벽을 나무로 지은 집은 보온이 잘 된다. 그 이유는 나무의 세포가 마치 벌집처럼 생겼고, 그 속이 빈 공간이어서 열의 전도(나가거나 들어오는 것)를 잘 막아주기 때문이다. 바람이 불거나 겨울이 오면 문틈으로 바람이 많이 들어와(외풍이 심해) 유난히 추운 집이 있다. 전문가의 말에 의하면 집안의 열은 75%가 현관문과 창문을 통해 뺏긴다고 한다. 우리 집은 어느 곳에서 찬바람이 많이 들어올까? 외풍을 막을 방법을 찾아보자.

실험 방법

1. 내가 사는 집의 평면 구조를 그림1과 같은 방법으로 그려보자. 출입문이 있는 곳은 여닫이 표시로, 창문은 긴 사각형으로 표시한다.
2. 바람이 심한 날, 문마

그림1

그림 2

다 다니면서 어느 틈으로 바람이 많이 들어오는지 조사하여 집구조도에 표시를 한다. 이때 새의 깃털을 들고 문틈에 대면 끝이 흔들리는 것을 볼 수 있다. 외풍이 들어오는 곳에 뺨을 대고 있어도 냉기를 느낄 수 있다.

3. 현관문은 꼭 닫은 상태에서 좌우 문틈, 윗부분 그리고 바닥 부분을 조사한다.

 실험 결과

1. 모든 창문의 새시 틈새로 의외로 많은 외풍이 들어오는 것을 발견할 것이다. 새시에 낀 유리창 틈새로도 바람이 들어오는 곳이 있을 것이다.
2. 신문을 밀어 넣는 현관문 아래로도 많은 외풍이 들어온다.

연구

평소에는 모르지만, 바람이 심한 날 창문가에 서면 창틈으로 소리를 내며 들어오는 외풍을 쉽게 느낄 수 있다. 외풍을 막기 위해 이중문을 만들기도 하고, 틈새를 특수한 재료로 막기도 하고, 나무를 덧대기도 한다. 옛날 집에서 창호지문 틈새에 문풍지를 붙였던 것은 외풍을 막는 매우 원시적인 방법이었다.

외풍이 심한 주택은 겨울이든 여름이든 언제나 냉난방비가 많이 든다. 우리 집 문에서 외풍이 심한 곳을 어떻게 막으면 좋을지 부모님과 함께 연구하여, 건축재료상에서 재료를 구해와 직접 고쳐보기로 하자.

외풍을 막기 위해 우리 집 문은 어떤 구조로 만들어져 있는지, 다른 집이나 건물의 문도 조사해보자.

냉장고 안과 외부의 온도를 측정해보자

— 냉장고 바깥으로는 더운 열이 나온다

- 온도계 3개
- 냉장고
- 온도계를 매달 끈

실험 목적

냉장고는 음식물을 오래도록 썩지 않게 보존해주는 매우 편리한 발명품이다. 냉장고 안과 밖에 설치된 금속 파이프 안에는 '냉매'라고 부르는 액체가 들어 있다. 이 냉매는 냉장고 안과 밖을 이동하면서 내부의 온도를 식혀주는 대신 그 열을 냉장고 밖으로 배출하는 역할을 한다. 냉매가 냉장고 안팎을 이동하며 열을 운반하도록 하는 것이 콘덴서 또는 냉각기라고 부르는 장치이다.

냉각기는 냉매가 흘러 다니는 금속 파이프로 된 코일과, 냉매를 압축하는 모터로 구성되어 있다. 냉장고에서 들리는 웅웅 소리는 냉각기의 모터가 회전할 때 나오는 것이다. 냉장고는 내부 온도를 낮추어주는 대신 그 열을 외부로 운반하여 주변을 덥게 만든다. 냉장고의 안팎 온도를 직접 측정해보자.

실험 방법

1. 3개의 온도계를 준비하여 온도계 눈금이 같은 온도를 가르치고 있는지 확인한다. 만일 차이가 있다면 그 오차를 감안하여 측정해야 할 것이다.
2. 온도계를 1)냉장고 문(실내 온도), 2)냉장고 내부(냉장고 온도), 그리고 3)냉장고 뒷면의 쇠창살(냉각기 코일 근처)에 매달아 두고 5분 후에 각각의 온도를 측정하여 기록한다.
3. 3개의 온도계를 냉장고 뒷면의 위, 중간, 아래에 각각 걸어두고, 모터소리가

들리는 동안과 들리지 않는 동안의 온도를 측정하여 비교해보자. 어느 때가 더 높은가?

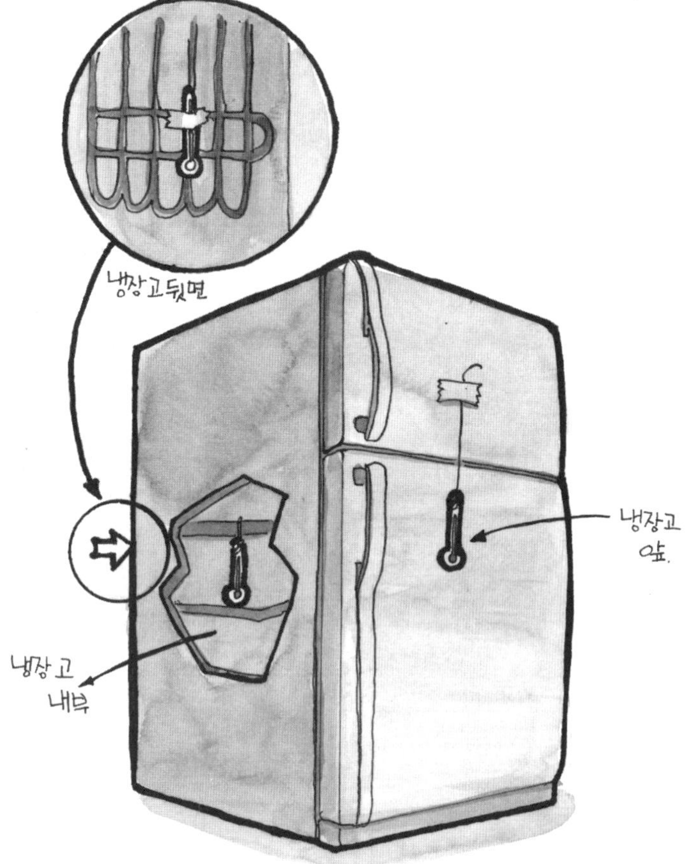

실험 결과

1. 냉장고의 안과 밖 온도를 재어보면, 냉장고 뒷면에 노출된 코일 부근의 온도가 실내온도(문짝의 온도)보다 훨씬 높은 것을 알 수 있다. 냉장고 안의 온도를 내려준 대신 그 열이 밖으로 배출된 것이다.
2. 냉장고의 모터가 돌아갈 때는 멈춘 때보다 온도가 약간 높다. 냉각기가 동작하면서 열을 더 많이 밖으로 운반하기 때문이다.

연구

만일 여름철에 실내가 덥다고 냉장고 문을 열어놓는다면, 냉각기가 계속 돌면서 열까지 발생시켜 집안이 더욱 더워질 뿐이다. 에어컨디셔너(냉방기)도 마찬가지이다. 에어컨의 송풍구에서는 찬바람이 나오지만, 바깥으로 내놓은 콘덴서(냉각기)에서는 더운 열기가 뿜어져 나온다.

1. 냉장고 안이라도 냉동 칸과 냉장 칸, 그리고 냉장 칸 내부에서도 윗부분, 중간 그리고 아래 채소 칸의 온도가 다르다. 실험으로 각 위치의 온도를 측정해보자.
2. 냉장 칸의 아래 위 온도가 다른 이유는 무엇일까? 채소 칸의 적정온도는 몇 도일까 알아보자.

태양빛은 엄청난 열에너지를 가졌다

– 어떤 색이 태양에너지를 더 잘 흡수할까?

준비물

- 같은 크기의 투명한 유리컵 2개
- 투명한 물 또는 음료수
- 검은색 잉크를 탄 물 또는 음료수
- 컵을 올려놓을 탁자
- 같은 크기의 사각 얼음 2개

 실험 목적

물을 담은 유리컵에 얼음을 넣고 햇볕 아래에 두면 그늘에 둔 컵보다 빨리 얼음이 녹는다. 이것은 태양에너지를 받은 물이 그늘에서보다 더 빨리 더워진 때문이다. 맑은 물과 검은색 물을 햇볕 아래에 놓아두었을 때 어느 쪽이 태양에너지를 더 잘 흡수할까? 실험으로 확인해보자.

실험 방법

1. 2개의 유리컵에 맑은 물과 검은색 물을 같은 높이가 되도록 각각 담아 탁자 위에 놓는다. 이때 컵에는 물이 넘치지 않을 정도로 붓는다.
2. 이 탁자를 햇볕이 잘 쪼이는 창가에 놓는다.
3. 유리컵에 사각 얼음을 각각 1개씩 동시에 넣고, 어느 유리컵의 얼음이 빨리 녹는지 관찰하고, 그 이유가 무엇인지 생각해보자.

실험 결과

두 컵은 같은 정도의 태양에너지를 받았지만, 검은색 물 속의 얼음이 먼저 녹는다. 이것은 검은색이 무색의 물보다 태양에너지를 더 잘 흡수하여 열로 변하기 때문이다.

연구

색깔에 따라 태양에너지를 흡수하는 정도가 조금씩 다르다. 겨울철에 검은색 옷이 더 따뜻한 것도 태양열을 보다 잘 흡수하기 때문이다.

1. 물, 오렌지 주스, 토마토 주스, 사이다, 콜라 등의 음료를 컵에 담아 같은 실험을 해보면 결과가 어떠할까? 어떤 색이 태양에너지를 더 잘 흡수하는지 비교해보자.

51 태양열에 잘 뜨거워지는 물체

— 물, 모래, 자갈 어느 것이 태양열을 잘 흡수할까?

- 물, 모래(또는 흙), 잔잔한 돌
- 대형 플라스틱 물병 4개
- 4개의 온도계
- 나무젓가락
- 태양이 비치는 창가나 마당
- 시계
- 연필과 기록장

실험 목적

지구상에 있는 것은 모두가 태양에서 오는 에너지를 흡수한다. 식물은 태양에

너지로 광합성을 한다. 공기, 물, 모래, 자갈 등은 태양열을 받으면 온도가 높아진다. 이 4가지 물질 중에 어느 것이 태양에너지를 더 잘 흡수할까? 태양에 쪼인 시간에 따라 온도가 어떻게 상승하는지 측정하여 기록해보자.

실험 방법

1. 4개의 플라스틱 물병을 높이 20센티미터 부분에서 가위로 잘라 같은 모양의 플라스틱 컵으로 만든다.

2. 플라스틱 컵 중 하나는 그대로, 다른 3개에는 물, 모래(또는 흙) 및 자갈을 각각 15센티미터 높이까지 채운다.
3. 4개의 컵을 햇볕이 직접 쪼이는 창가나 마당에 놓는다.
4. 각각의 컵 10센티미터 높이에 마스킹 테이프(종이테이프) 조각을 나란하게 붙이고 '공기', '물', '모래', '자갈'이라고 라벨을 붙인다.
5. 각각의 컵 중앙에 온도계를 5센티미터 정도 잠기도록 세운다. 공기와 물이 든 컵은 나무젓가락을 뒤대고 접착테이프를 붙여 온도계가 바로 서도록 한다. 온도계가 컵 가장자리에 기대거나 하면 정확한 온도 측정이 되지 못한다.
6. 가로로는 시간, 세로 쪽으로는 온도를 표시하는 4장의 기록장을 그림과 같이 만들어 10분마다 측정한 온도를 그래프로 나타낸다.

실험 결과

독자들이 직접 실험해야 알 수 있다. 그날의 기온이나 측정 장소 등 환경과 조건에 따라 결과가 다르게 나타날 수 있다. 이 실험은 측정한 수치를 그래프로 나타내는 방법이다.

연구

물은 공기보다 온도가 느리게 변한다. 낮에 태양열로 따뜻해진 풀장의 물은 다음날 아침이 되어도 미지근한 온기를 가지고 있다. 물은 공기보다 열에너지를 잘 보존하기 때문이다. 태양에 노출된 바위나 해변의 모래는 한낮이면 만지거나 맨발로 걷기 어려울 정도로 달구어진다.

1. 해가 진 뒤 각 물질의 온도가 내려가는 정도를 서로 비교해보자. 온도가 빨리 오르는 것은 에너지를 잃는 것도 빠르지 않을까?
2. 실험 결과를 그래프가 아닌 수치로 나타내는 기록장을 만들어 보자.
3. 하나의 도표에 4가지 온도 변화를 한꺼번에 기록하는 방법을 생각해보자.

비행기를 들어올리는 힘(양력)을 확인해보자

— 공기가 흐르는 곳은 기압이 낮아진다

- 압침 2개
- 실
- 종이
- 헤어드라이어
- 접착테이프나 스태플러(호치키스)

실험 목적

컵에 담김 음료수에 스트로를 꽂아 입에 대고 빨면 음료수가 입으로 들어온다. 그 이유는 입으로 빨 때 스트로 안의 기압이 낮아지기 때문이다. 무거운 비행기가 공중에 뜰 수 있는 것은, 넓고 큰 날개 위쪽의 기압이 낮기 때문에 동체가 위로 들린 것이다. 이것을 실험으로 확인해보자.

실험 순서

실험1

음료수를 스트로로 빨면 입으로 잘 들어온다 (그림1 왼쪽). 그러나 2개의 스트로를 입술에 물고, 하나는 음료수에 꽂고, 다른 하나는 컵 밖으로 내놓고 동시에 빨아보자 (그림2 오른쪽). 이번에도 음료수가 입으로 빨려 들어오는가?

실험2

방문 양쪽 기둥의 허리 높이에 압침을 꽂아 실을 팽팽하게 연결한다.

2-1. 종이를 폭 2.5센티미터, 길이 30센티미터 정도 되게 잘라 긴 리본으로 만든다.

2-2. 이것을 방문 사이에 걸친 실 중앙 위치에서, 종이 리본 끝 부분을 그림3처럼 스태플러나 접착테이프로 붙여 매달리게 한다.

2-3. 헤어드라이어에서 찬바람이 나오도록 조절한 후, 한 손에 헤어드라이어

그림1

를 들고 다른 한손으로 종이 리본을 살짝 들어 수평이 되게 한 상태로 바람을 불어보자. 이때 바람 방향이 종이 리본 위쪽을 향하도록 한다. 종이 리본은 계속하여 수평으로 떠오르는가? 그 이유는 무엇일까?

실험 결과

실험1.

1개의 스트로를 꽂고 음료수를 빨아들일 때는, 스트로 안의 기압이 낮아지므로 컵의 물이 기압에 눌려 입안으로 들어온다. 그러나 입에 문 2개의 스트로 중 한 쪽을 물 밖으로 내놓은 상태로 빨면 음료수가 입으로 들어오지 않는다. 이것은

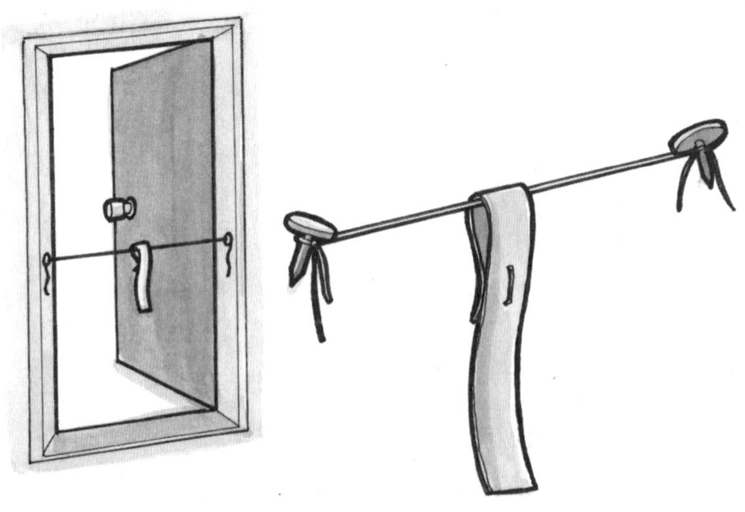

그림2

빈 스트로를 통해 공기가 들어와 입안의 기압이 낮아지지 않기 때문이다.

■ 실험2.

종이 리본 위로 바람을 불면, 리본은 공중으로 떠올라 수평상태로 펄럭이게 된다. 이것은 리본 위쪽의 기압이 낮기 때문에 떠밀려 오른 것이다.

 연구

지구를 덮고 있는 공기는 모든 것을 누르고 있다. 이것이 기압이다. 그러나 바람이 불지 않으면 공기가 있는 것을 알지 못하는 것처럼, 평소 우리는 기압을 느끼지 못한다. 과학자들은 바다 수면 높이에서 받는 공기의 누르는 힘을 '1기압'으로 정하고 있다.

그림3

높은 곳으로 오르면 누르는 공기의 양이 적어 기압은 점점 낮아진다. 1기압의 힘은 물을 10미터나 밀어 올릴 정도로 (진공 속이라면) 큰 힘을 가지고 있다.

그림4는 비행기의 날개 모양이 아래는 평평하고 위쪽이 휘어져 있는 것을 보여준다. 날개의 아래와 위로 동시에 바람이 지나가지만, 날개의 모양 때문에 위쪽으로 부는 바람 속도가 아래보다 더 빠르게 된다. 따라서 위쪽의 기압이 더 낮으므로 비행기는 들려 올라간다. 비행기가 위로 들리는 힘을 '양력'이라고 한다.

1. 헤어드라이어의 바람 높이를 높게 또는 낮게 하거나, 풍속을 줄이면 종이 리본은 어떻게 될까?

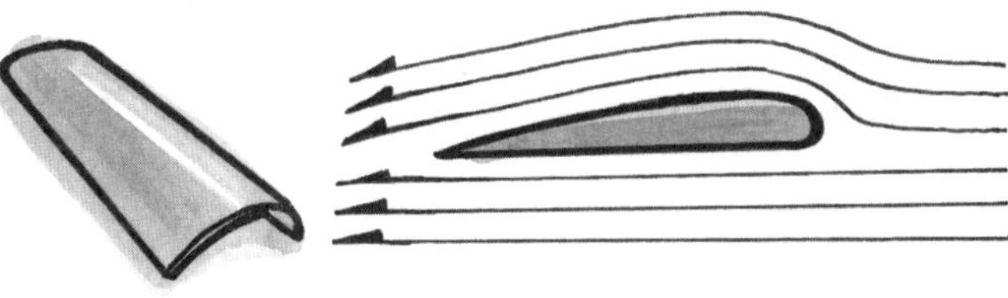

그림4

안전한 낙하산을 설계할 때 중요한 점

– 낙하산은 공기의 저항을 적당히 받도록 만든다

준비물

- 헌 셔츠의 등판을 가위로 자른 4각 천 2개 (사방 길이가 25센티미터인 것), 또는 비슷한 크기의 헌 손수건
- 실
- 작은 너트 (직경 0.5센티미터 정도) 2개
- 2층 난간

실험 목적

높은 곳에서 떨어진 물체는 아래로 내려갈수록 낙하하는 속도가 빨라진다. 이것은 지구의 중력 때문이다. 비행기의 파일럿은 낙하산(파라슈트)을 항상 가까이 두고 있다. 비상시에 낙하산을 타고 뛰어 내리면, 펼쳐진 낙하산이 공기와 저항하여 지면에 가볍게 내리도록 해주기 때문이다.

항공모함의 활주로에 비행기가 내릴 때와 우주왕복선이 지상에 내릴 때도 큰 낙하산을 사용한다. 비행기가 활주로에 가볍게 내리거나, 낙하산을 탄 사람이 지면에 안전하게 내리면 '연착륙'했다고 말한다. 안전한 낙하산은 어떻게 디자인하는 것이 좋은지 실험해보자.

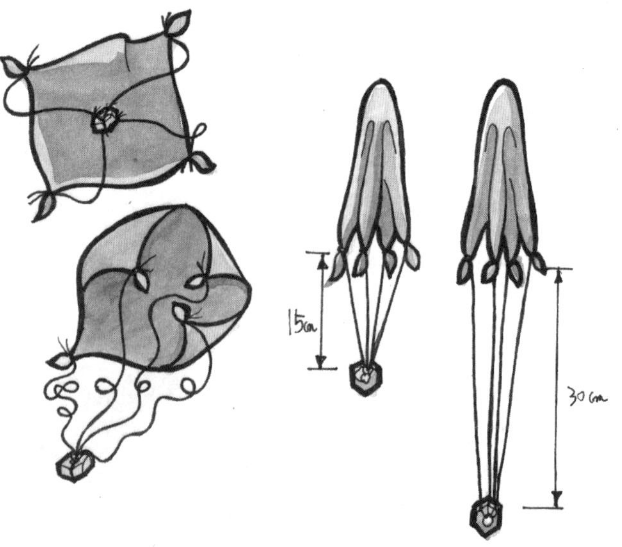

실험 방법

1. 한 변의 길이가 25센티미터인 두 조각의 천으로 낙하산을 만든다.

2. 하나의 낙하산은 네 귀퉁이의 줄 길이가 30센티미터가 되도록 하고, 다른 하나는 15센티미터가 되도록 실을 맨다.
3. 낙하산줄 끝에 같은 크기의 너트를 각각 매달아 2개의 낙하산을 완성한다.
4. 2층 난간에 서서 두 낙하산 머리 부분을 양손에 각각 들고 아래로 동시에 놓는다. 낙하산 줄이 긴 것과 짧은 것 중 어느 것이 천천히 내리는가?

실험 결과

긴 줄의 낙하산이 천천히 연착륙한다.

연구

낙하산의 우산 같은 지붕이 넓으면 공기와 저항하는 힘이 커져 천천히 내리도록 해줄 것이다. 그런데 이 실험에서는 낙하산 지붕의 면적은 같고 줄의 길이만 다르다. 줄이 길면 지붕이 더 넓게 펼쳐져 공기 저항을 크게 하여 연착륙하도록 해준다. 그런데 실제 낙하산에서 이 줄이 필요 이상으로 길면 줄끼리 얽혀버릴 염려가 있으므로 적당한 길이로 설계해야 한다.

비행장이 없는 곳에 물건을 급히 수송해야 할 때는 낙하산에 물건을 매달아 공중투하 하기도 한다. 오늘날 파라슈트를 타고 고공에서 뛰어내리며 묘기를 부리는 '스카이 다이빙'은 스포츠의 하나가 되었다.

원심력의 세기를 실험해보자

— 원심력으로 지구의 중력을 이긴다

- 빈 재봉틀 실패
- 약간의 질긴 실
- 4개의 작은 너트 (직경 0.5센티미터 정도)
- 솜이나 휴지
- 접착테이프

실험 목적

공중으로 공을 던지면 얼마큼 올라가다 힘을 잃고 아래로 떨어진다. 더 강한 힘으로 던지면 더 높이 오르지만 결국 땅으로 낙하하고 만다. 그러나 원심력을 이용하면 지구의 중력을 이기고 지구 밖으로라도 나갈 방법이 있다.

실험 방법

1. 길이가 약 80센티미터 되는 길이의 질긴 실을 못쓰는 재봉틀 실패 구멍에 끼운다.
2. 실의 한쪽 끝에는 1개의 너트를, 다른 쪽 끝에는 3개의 너트를 매달아 실 전체의 길이가 60센티미터쯤 되게 한다.
3. 너트의 주변을 솜이나 휴지로 싼 뒤, 휴지가 풀리지 않도록 테이프를 붙인다. 빙빙 돌릴 때 손을 다칠 위험이 있기 때문이다.
4. 손으로 실패를 집어 들면, 3개의 너트가 달린 쪽이 아래로 늘어지고 1개가 달린 쪽은 윗구멍에 걸릴 것이다.
5. 윗구멍의 너트가 빙빙 돌도록 손을 돌려보자. 돌리는 속도를 빠르게 했을 때 어떤 현상이 일어나는가?

실험 결과

1개의 너트가 빙빙 돌도록 손을 빨리 회전시키면, 1개 너트는 점점 큰 원을 그

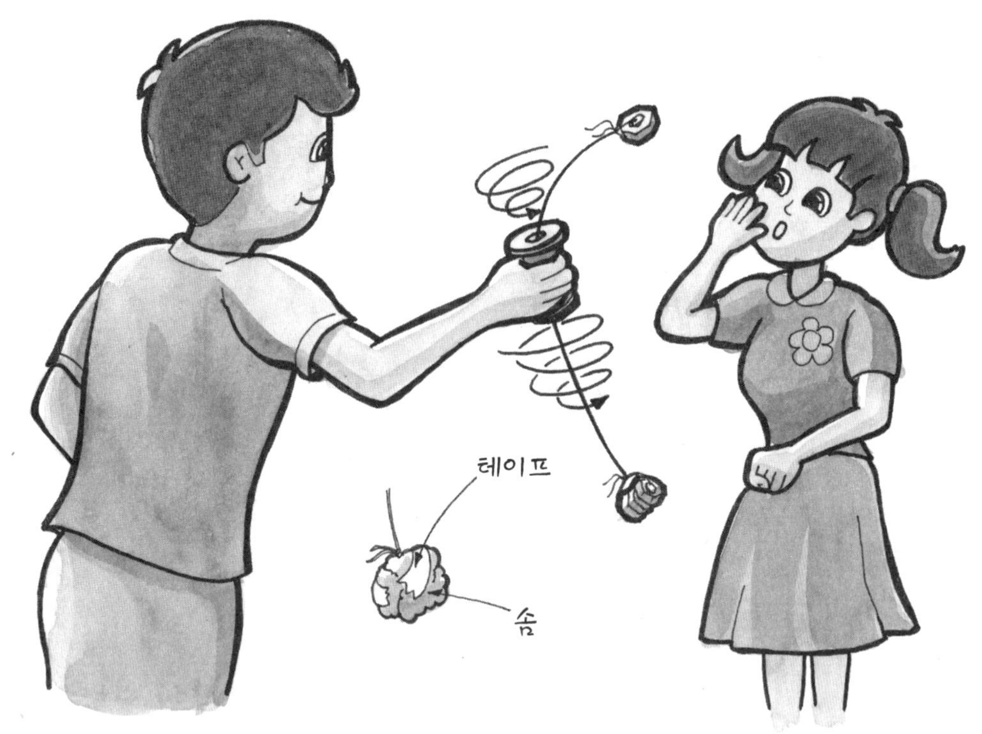

리며 돌게 되고, 반면에 3개의 너트는 실패 아래 구멍 쪽으로 끌려 올라간다. 회전하는 1개의 너트가 3개의 너트가 가진 중력(무게)을 이기고 있다.

연구

물체가 회전함으로써 생기는 힘을 '원심력'이라 한다. 이 실험에서 1개의 너트를 회전시키는 속도를 자꾸만 높일 수 있다면 너트를 지구 밖으로 날려 보낼 수도 있을 것이다. 반대로 속도를 줄이면 (원심력을 적게 하면) 3개의 너트가 가진 중력이 오히려 강해 줄은 다시 아래로 처지게 된다.

그런데 어느 일정한 회전속도가 되면, 아래로 당기는 중력과 멀리 날아가려는 원심력이 균형을 이루어 같은 상태를 유지하며 돌게 된다. 지구는 태양의 둘레를 회전하고 있으면서 늘 같은 궤도를 돌 수 있는 것은 이처럼 원심력과 중력이 균형을 이루고 있기 때문이다.

줄에 돌을 배달아 세차게 빙빙 돌리다가 놓으면, 강한 원심력을 가진 돌은 맨손으로 던질 때보다 더 멀리 날아간다. 성서 이야기 속에서 작은 소년 다윗은 원심력을 이용한 돌멩이를 무기로 하여 거인 골리앗을 이긴다.

공중에 떠 있는 탁구공

– 공기의 미는 힘과 낮은 기압이 공을 뜨게 한다

- 헤어드라이어
- 탁구공
- 엽서 크기의 카드
- 몇 권의 책

실험 목적

과학관에 가면 무중력 상태인 것처럼 탁구공이 공중에 떠 있도록 한 장치를 볼 수 있다. 이 장치를 집에서도 만들어보고, 탁구공이 옆으로 날아나가지 않고 왜 공중에 계속 떠 있을 수 있는지 생각해보자.

실험 방법

1. 헤어드라이어를 그림처럼 뉘어 송풍구가 하늘을 똑바로 향하도록 한다. 이때 책을 좌우에 쌓아 드라이어가 서 있도록 한다.
2. 헤어드라이어에서 찬바람이 나오도록 조작하고 스위치를 켜자.
3. 송풍구의 바람 위에 탁구공을 가만히 놓아보자. 탁구공은 공중으로 떠오른 뒤 옆으로 날아가 버리는가, 아니면 과학관의 공처럼 공중에 떠 있는가?

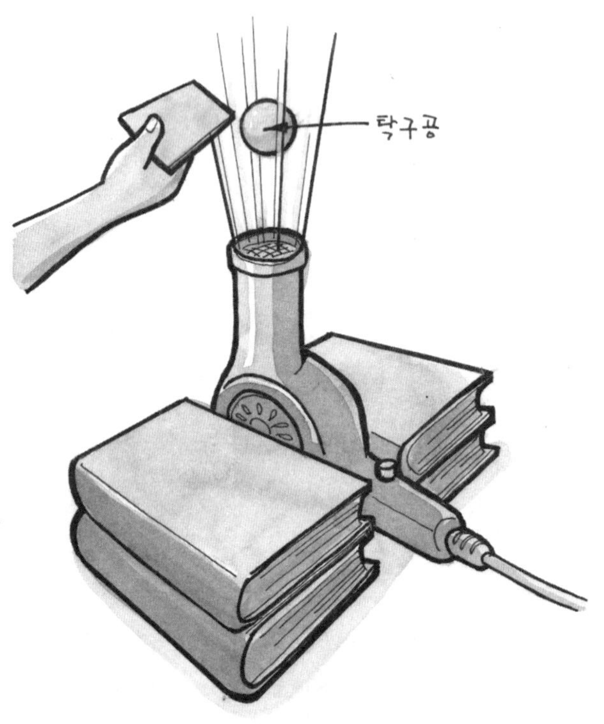

4. 공중에 떠 있는 탁구공 쪽으로 엽서 카드를 손으로 잡고 수평으로 가까이 가져가 보자. 탁구공은 어떤 변화를 보이는가?
5. 헤어드라이어의 바람 속도를 다르게 하여 같은 실험을 해보자.

실험 결과

헤어드라이어에서 나오는 바람의 힘으로 탁구공은 공중으로 날아오른다. 그러나 탁구공은 옆으로 날아가지 않고 계속 한 자리에 떠 있다.

한편 엽서 카드를 탁구공에 수평으로 가져가면 탁구공은 카드 쪽으로 살짝 접근하면서 조금 더 높은 위치로 날아오른다.

연구

기체가 빠르게 흐르는 곳은 기압이 낮기 때문에 탁구공은 다른 곳으로 날아가 버리지 않고 바람이 지나는 위치에 머물게 되는 것이다. 그러나 카드로 바람을 살짝 막으면, 카드 앞쪽으로 더 센 바람이 불므로 기압이 보다 낮아져 탁구공은 카드 쪽으로 접근해온다. 그리고 헤어드라이어의 바람이 셀수록 탁구공은 더 높은 위치에 머물 것이다.

56 물의 침식 현상을 관찰해보자

— 경사진 땅은 침식이 더 심하다

준비물
- 5단 이상의 계단이 있는 장소
- 플라스틱 식품 사발 3개
- 물통과 물 컵 3개
- 모래나 마당 흙

실험 목적

빗물이나 흘러내리는 물이 흙과 바위를 조금씩 씻어 내려 갉아먹는 현상을 침식이라 한다. 산에 나무가 없어 맨 흙이 드러난 곳은 비만 내리면 침식이 일어난다. 물 호스로 화단에 물을 주다가 자칫 잘못하여 센 물줄기가 맨바닥에 닿으면 순식간에 땅이 파이는 침식현상을 보게 된다. 침식현상은 비탈진 곳에서 더 잘 일어나며, 떨어지는 물의 높이가 높을수록 더 심하게 파인다. 이것을 실험으로 확인해보자.

실험 방법

1. 플라스틱 사발 3개에 모래나 흙을 가득 담고 표면을 막대기로 되질을 하듯 쓸어낸다.
2. 이 흙이 담긴 사발을 첫 번째 계단, 3번째 계단, 5번째 계단 아래에 놓는다.
3. 첫 번째 계단에서 물 한 컵을 아래에 놓인 흙 사발로 주르륵 부어 사발 안의 토양이 튀어나가는 정도를 관찰한다.
4. 같은 방법으로 3번 계단과 5번 계단에서 물을 부어 결과를 관찰한다. 계단이 더 있으면 보다 높은 곳에서 같은 실험을 한다.
5. 어느 계단에서 가장 심하게 흙 (또는 모래)이 튀어나가는 침식현상이 일어

났는가?

실험 결과

높은 곳의 물일수록 더 빠른 속도로 흙 사발에 떨어져 많은 토양이 튀어나가도록 한다. 이것은 지구의 중력이 높은 위치에서 떨어진 물체일수록 더 빨리 낙하하도록 영향을 주기 때문이다.

연구

우리나라 산야에 나무가 별로 없던 시절에는 해마다 비만 오면 침식으로 산사태와 홍수가 심하게 일어나곤 했다. 그런데 지금은 산에 나무가 많이 덮여 있어도 침식에 의한 수해가 발생하고 있다. 침식현상은 흐르는 물의 속도가 빠를수록, 그리고 땅의 경사가 심할수록 더 잘 일어난다. 오늘날의 침식이나 산사태는 새 길을 뚫는 도로 공사장, 골프장 건설하는 곳, 대규모 묘지, 새로 농사땅을 만드는 개간지, 경사진 곳의 건축공사장, 인공적으로 하천 폭을 너무 좁혀버린 곳 등에서 발생하고 있다.

침식이 일어나면 냇물은 흙탕물이 되면서 많은 토사가 씻겨 내려와 바닥에 가라앉는다. 그 결과 냇물이나 강의 수위가 높아져 둑이 무너지거나 물이 넘치는 홍수가 나게 된다.

57 시계추의 운동법칙

– 추가 흔들리는 시간은 추의 길이에 따라 달라진다

준비물

- 같은 모양과 크기의 쇠고리(와셔) 4개
- 질긴 나일론실
- 시간을 잴 초침이 있는 시계
- 접착테이프 (마스킹 테이프)
- 길이를 잴 자

실험 목적

옛날의 벽시계는 지금의 전자시계와 달리 추가 일정한 시간 간격으로 왕복하는 성질을 이용하여 시간을 재도록 만든 것이다. 추의 무게가 같을 때 추를 매단 끈의 길이가 긴 것과 짧은 것은 어느 쪽이 빨리 흔들릴까? 추의 길이가 같다면 무거운 추와 가벼운 추는 어느 쪽이 빨리 왕복할까?

실험 방법

1. 약간 무거운 쇠고리(와셔) 4개에 나일론실을 각각 연결하여 길이 15센티미터, 30센티미터, 45센티미터, 60센티미터인 4개의 추를 만든다. 이때 실의 길이는 실제보다 5센티미터 정도 길게 이어둔다.
2. 먼저 길이 15센티미터 추 1개

를 그림과 같이 책상 가장자리에 접착테이프로 매단다. 이때 추의 길이를 자로 정확히 잰다.

3. 쇠고리를 손으로 잡고 좌측으로 45도 각도로 이동시켰다가 자연스럽게 흔들리도록 놓는다. 이 추가 1분 동안에 몇 번 왕복하는지 헤아려 그 수를 기록한다 (같은 실험을 3차례 실시하여 평균치를 구하여 기록한다).
4. 3과 같은 방법으로 30센티미터 길이의 추가 1분 동안에 왕복한 횟수를 기록한다 (마찬가지로 3차례 실험한다).
5. 같은 방법으로 45센티미터와 60센티미터 길이의 추가 1분 사이에 왕복한 횟수를 각각 3차례 측정하여 기록한다.
6. 추의 왕복 횟수는 3차례 실험한 것의 평균값을 계산하여 적는다. 평균값은

3차례 측정하여 나온 수치를 모두 더하고, 그 값을 3으로 나눈 것이다.

 실험 결과

추의 길이가 같으면 추가 크게 흔들리든, 조금 흔들리든 왕복하는데 걸리는 시간은 같다.

추의 끈 길이가 길수록 추가 1회 왕복하는데 걸리는 시간은 길어진다. 만일 15센티미터 길이의 추가 1분 동안에 흔들린 수를 3차례 측정했을 때, 각각 16회, 15회, 17회였다면, 그 평균값은 16+15+17=48, 48÷3=16이 된다.

 연구

이러한 추의 흔들림 성질을 처음 발견한 과학자는 갈릴레오였다. 그는 줄에 매달린 램프가 바람에 흔들리는 것을 보고 있었다. 그런데, 램프가 강한 바람에 크게 흔들리든, 아니면 작게 흔들리든 왕복하는데 걸리는 시간이 일정하다는 것을 발견했다. 그가 찾아낸 이 법칙을 물리학에서는 '흔들이의 등시성'이라 말한다.

과학실험은 결과가 어떻게 나올 것인지 대략 예측하는 경우가 많다. 예를 들면 "추의 길이가 짧을수록 흔들리는 속도가 빠를 것이다."라는 예상을 미리 한다면, 이런 추측을 과학에서는 '**가설**'이라 한다. 많은 과학 연구는 가설을 세우고 그것을 확인하는 방법으로 이루어진다.

시계추의 왕복운동 실험을 한 번으로 끝내지 않고 3차례 반복하여 평균값을 구한 것은 실험 결과를 가능한 정확하게 조사하기 위한 것이다. 과학자들은 정밀한 실험을 위해 여러 가지 방법과 도구를 고안한다. 그리고 평균값을 내는 등 복잡한 수학 작업을 하는데, 이를 '통계처리'라고 말한다.

1. 추의 길이가 15센티미터인 것은 30센티미터인 것보다 2배 빨리 왕복했는가? 비례하지 않았다면 이유는 무엇일까?
2. 추를 2개, 3개, 4개씩 매달았을 때, 추의 무게에 따라 흔들리는 시간에 어떤 변화가 있는지 실험해보자.

58 굴러 내린 구슬이 다른 구슬을 밀어낸다

– 구슬로 에너지의 전달을 확인해보자

- 같은 크기의 유리구슬 10여개
- 15센티미터 정도 길이의 플라스틱 막대 자 2개
- 2,3권의 책
- 수건이나 카펫

실험 목적

당구치는 모습을 보자. 큐에 맞은 공이 다른 공에 부딪히면 때린 공은 멈추더라도 맞은 공이 굴러가게 된다. 이것은 큐에 맞은 공이 가진 운동에너지의 일부가 다른 공에게 전달된 것이다. 이렇게 운동에너지는 다음다음으로 전달될 수 있다. 유리구슬을 사용하여 운동에너지가 전달되는 것을 확인해보자.

실험 방법

1. 마루에 큰 수건 한 장을 잘 펴서 깐다.

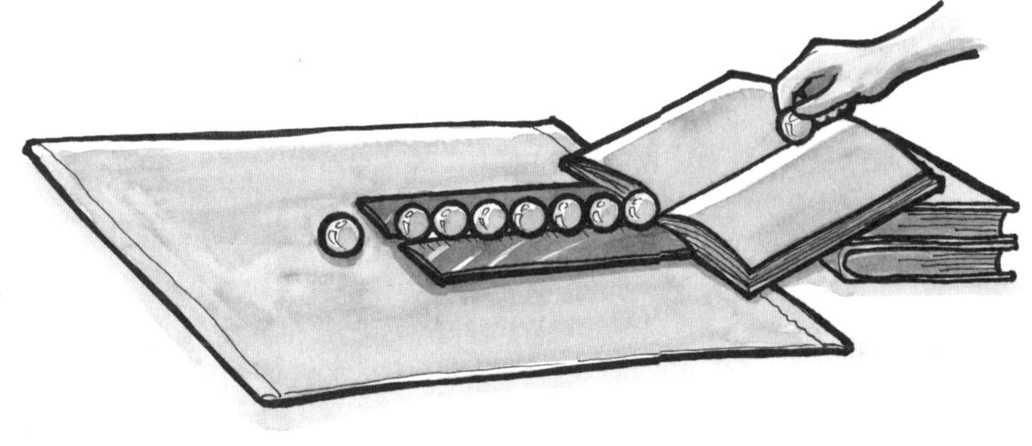

그림1

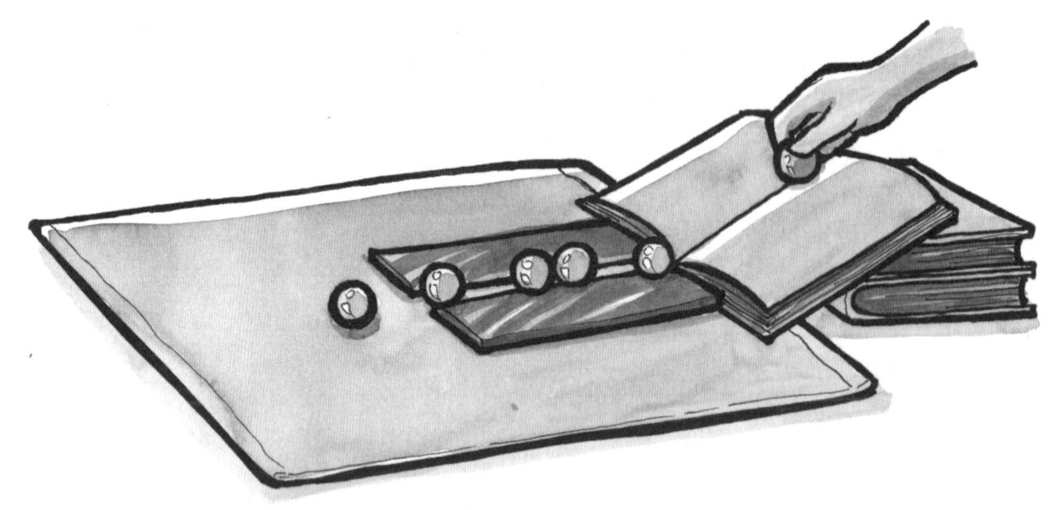

그림2

2. 30센티미터 정도 길이의 플라스틱 자 2개를 그림1과 같이 레일처럼 나란히 놓고, 두 대자 사이에 유리구슬 몇 개를 서로 꼭 붙여서 놓는다. 이때 구슬이 잘 굴러갈 수 있게 대자 사이를 약간 벌여두도록 하며, 왼쪽의 마지막 구슬은 자의 끝에 놓이도록 배열한다.
3. 오른쪽 끝 유리구슬 앞에 펴진 책을 기울인 상태로 받쳐두고, 구슬 하나를 책 중간으로 굴러내려 오른쪽 구슬을 때리도록 해보자. 왼쪽의 마지막 구슬이 자의 레일에서 밀려나 떨어지는가?
4. 책 위의 경사에 놓는 구슬의 위치를 점점 높게 하면서, 그때마다 레일에서 밀려난 구슬이 얼마나 멀리 굴러가는지 거리를 재어 비교해보자.
5. 그림2와 같이 구슬을 서로 떼어놓은 상태로 같은 실험을 해보자. 이번에도 왼쪽 끝 구슬이 레일 밖으로 떨어지는가? 굴러 나가지 않는다면 그 이유는 무엇일까?

실험 결과

그림1의 실험을 했을 때는 왼쪽 마지막 구슬이 레일 밖으로 떨어져 굴러간다. 그리고 굴러 내리는 공의 위치가 높을수록 밀려난 구슬은 더 멀리 굴러나간다. 그러나 그림2와 같이 했을 때는 떨어져 나가지 않을 수 있다.

연구

그림1의 실험에서, 책 위쪽에서 굴러 내린 구슬은 위치에너지(높은 위치에서 가지는 중력에너지)를 가지고 있어 오른쪽 구슬에 그 힘을 전한다. 이때 구슬이 받은 에너지는 운동에너지가 되어 왼쪽 구슬로 연달아 전달되고, 결국 마지막 구슬이 자의 레일에서 밀려나 굴러 떨어지게 된다. 그리고 비탈에 놓인 공의 위치가 높으면 위치에너지가 크므로, 큰 힘이 작용하여 밀려나는 구슬은 더 멀리 굴러나가게 된다.

그러나 그림2의 실험 때는 구슬 사이의 빈 공간 때문에 에너지가 충분히 전달되지 못해 마지막 구슬이 떨어지지 않을 수 있다. 즉 빈 사이를 굴러가는 동안 마찰 등의 이유로 구슬이 가진 운동에너지가 약해져버린 것이다.

59 골프공에는 왜 작은 홈이 있을까?

— 홈(딤플)이 있으면 더 멀리 날아간다

골프공의 표면을 보면 달의 분화구처럼 생긴 작은 홈(딤플)이 뒤덮고 있다. 매끄러운 표면을 가진 공이 더 잘 날아갈 것으로 생각되는데, 왜 수많은 딤플을 만들었을까? 골프공은 공중을 날아갈 때 딤플의 구조와 수 등에 따라 공기저항이 달라진다. 골프공 표면에는 300~500개의 딤플이 있으며, 그 깊이는 약 0.2밀리미터이다.

골프는 영국에서 시작되었고, 처음에는 표면이 매끈한 공을 사용했다. 그러나 공의 표면에 상처가 많은 것이 더 멀리 날아간다는 사실을 알게 되어, 그 후부터 여러 가지 구조로 딤플을 만들기 시작했다. 실제로 딤플이 있는 공과 없는 공을 치면, 딤플 공이 매끄러운 공보다 거의 두 배나 멀리 날아간다고 한다. 딤플이라는 말은 '보조개'라는 뜻의 영어이다.

골프공이 빠른 속도로 공기를 뚫고 앞으로 나가면, 그림과 같이 공의 뒷면 공간이 순간적으로 진공에 가까운 상태가 된다. 이때 생기는 진공은 앞으로 나가려는 공을 뒤쪽으로 끌어당기는 작용을 하여 골프공이 더 멀리 나가는 것을 방해하게 된다.

그러나 그림처럼 딤플이 있으면, 공의 뒷면에 작은 회오리들이 생겨 진공 상태를 약하게 한다. 그 결과 딤플 공은 매끈한 공보다 더 멀리 날아간다.

화학변화와 물질의 성질

60 어떻게 하면 진한 향기가 빨리 전해질까?

— 온도는 향내의 전달 속도에 영향을 준다

- 향수
- 냅킨 휴지 몇 장
- 냉장고

실험 목적

분자란 몇 개의 원자가 모인 매우 작은 입자이다. 냄새라는 것은 화학물질의 분자가 코에 들어와 후각신경을 자극함으로써 느끼게 된다. 우리의 코는 온갖 화학물질의 분자 성분을 즉시 구분해내는 훌륭한 화학분석 장치인 셈이다. 공기 중의 화학분자는 온도가 높으면 더 빨리 이동하는 성질이 있다. 이것을 실험으로 확인해보자.

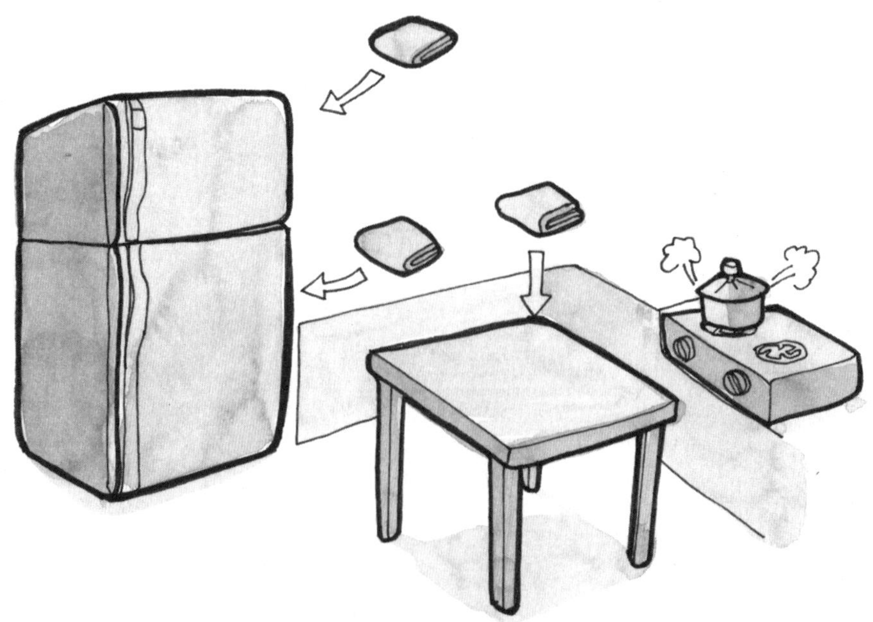

실험 방법

1. 냅킨 휴지를 4겹으로 두툼하게 접은 것을 3개 준비한다.
2. 각각의 냅킨에 향수를 3방울씩 떨어뜨린 뒤, 하나는 식탁 위, 하나는 냉장고의 냉동고 안, 다른 하나는 냉장고 아래 칸에 놓는다.
3. 1시간 뒤 하나씩 꺼내놓고, 어디에 두었던 것에서 가장 진하게 향내가 나는지 확인해보자.

실험 결과

식탁 위에 그대로 둔 것에서 가장 진한 향기가 난다. 우리가 향을 강하게 느끼는 이유는 더 많은 수의 향수 분자가 날아와 코 안의 후각신격을 자극한 때문이다. 향기를 빨리 진하게 느낀다는 것은 향수 분자들이 더 빨리, 더 많이 이동해온 결과이다.

연구

식어 있는 냄비 속의 음식에서는 냄새가 별로 나지 않는다. 그러나 끓고 있는 뜨거운 음식에서는 진한 냄새가 멀리까지 진하게 퍼진다. 이것 역시 온도가 높을수록 냄새 분자가 음식에서 더 빨리, 더 많이 탈출하여 멀리 이동해온 탓이다. 크림 등의 화장품도 얼굴에 바르는 순간 향내가 더 짙게 느껴지는 것은 얼굴의 온도가 따뜻하기 때문이다.

1. 후각이 매우 발달된 동물에 대해 조사해보자.

발효의 신비를 실험으로 알아보자

— 효모가 발효하면 탄산가스를 생산한다

준비물

- 제빵용 효모(드라이 이스트) 약간
- 설탕 조금
- 숟가락
- 작은 플라스틱 물병 몇 개
- 불면 원형이 되는 고무풍선 몇 개
- 따뜻한 물
- 실

실험 목적

포도껍질의 표면이 하얀 것은 거기에 효모가 가득 자라고 있기 때문이다. 효모(이스트)는 단세포로 된 곰팡이와 가까운 하등식물이다. 효모 중에는 포도주나 다른 술을 만들게 하는 것, 김치를 맛나게 만드는 것, 빵을 발효시켜 부풀게 하는 것 등이 있다.

빵을 만들 때 쓰는 '드라이 이스트'는 인공적으로 배양한 효모를 건조시켜 포장한 것이다. 드라이 이스트는 홀씨처럼 휴면하고 있다가 영양분과 수분 및 적당한 온도가 갖추어지면 생명력을 되찾아 불어나기 시작한다. 효모가 증식할 때 생산되는 이산화탄소를 확인해보자.

실험 방법

1. 드라이 이스트 포장을 열고 절반씩 나누어 두 개의 음료수병에 나누어 담는다.
2. 각 병에 1스푼씩 설탕을 넣는다.
3. 1개의 음료수 병에는 손으로 만졌을 때 따듯하게 느껴질 정도의 물을 반 컵 붓고, 즉시 음료수병 입구를 풍선으로 씌운 후 흔들어둔다.
4. 다른 1개의 병에는 냉수 반 컵을 붓고, 풍선으로 입구를 막은 뒤 흔들어둔다.
5. 음료수병에서 어떤 일이 일어나는지 5분쯤 지난 뒤부터 관찰하자. 어느 쪽

병에서 거품이 많이 생기고 있는가?

6. 어느 쪽 병의 풍선이 먼저 크게 부풀어 오르는가? 일정한 시간 뒤에 풍선의 직경을 자로 재어 비교해보자.

 실험 결과

건조상태로 휴면하고 있던 효모는 물과 설탕을 만나면서 잠에서 깨어나 설탕을 분해시켜(발효하여) 이산화탄소(탄산가스)를 발생시키게 된다. 물이 따듯하면 효모는 보다 빨리 생명활동을 시작하여 탄산가스를 만든다. 찬물에서는 이러한 발효가 천천히 시작된다. 화학반응은 온도가 높을수록 빠른 속도로 일어난다.

 연구

식빵을 만들 때 밀가루 반죽에 드라이 이스트를 약간 썩어두면, 효모는 잠시 후부터 생명을 되찾아 발효반응을 일으키면서 증식을 시작한다. 발효반응이란 효모의 몸에서 분비되는 효소가 설탕이나 밀가루를 분해시켜 이산화탄소를 생산하는 화학변화이다. 이때 생겨난 가스는 밀가루 틈새로 들어가 빵이 부풀어 오르게 한다. 이스트로 발효시킨 빵은 스펀지처럼 되어 먹기 좋게 부드러워지고 독특한 빵의 향기를 낸다.

이산화탄소의 성질을 조사해보자

— 이산화탄소가 물에 녹으면 약한 산성이 된다

- 탄산음료수병 (콜라, 사이다 또는 스프라이트)
- 고무풍선
- 음료수 스트로(빨대)
- 브롬티몰 블루 (금붕어 가게에서 구입)

 실험 목적

이스트가 발효할 때도 이산화탄소가 나오지만, 종이나 나무를 태우면 이산화탄소가 발생한다. 공기 중에는 약 0.04%의 이산화탄소가 있지만, 우리가 내쉬는 숨 속에는 약 3%가 포함되어 있다. 이산화탄소를 보통 탄산가스라고 부른다. 탄산가스는 냄새도 없고 색도 없는 기체이다. 탄산가스가 있는지 없는지 확인하는 몇 가지 방법이 있다.

간단한 방법으로 브롬티몰 블루를 사용해보자. 이 약품은 어항이나 수족관의 물이 얼마나 깨끗한지 검사할 때 쓰는 청색의 시약(검사약품)이다. 어항에 몇 방울 떨어뜨려 보았을 때 푸른색이던 약물이 노랑색으로 변하면, 물속에 탄산가스가 많이 녹아 있는 증거이다. 그럴 때는 새물로 교환해줄 필요가 있다.

 실험 방법

1. 탄산음료수가 든 병의 뚜껑을 열자마자 고무풍선을 끼워 탄산음료에서 나오는 이산화탄소가 풍선을 부풀리도록 하자. 병을 흔들면 가스는 더 맹렬히 나올 것이다.
2. 풍선이 적당히 부풀면 입구를 실로 맨다. 이때 실은 쉽게 풀 수 있도록 한다.
3. 유리컵에 깨끗한 물을 3분의 2쯤 담고 그 안에 브롬티몰 블루 몇 방울을 떨어뜨리면 물은 푸른색을 나타낸다.

4. 풍선 입구를 막은 실을 풀고 얼른 스트로를 입구에 끼운 다음, 스트로의 다른 끝을 유리컵 물속으로 집어넣어 풍선의 가스가 물속으로 뿜어나가게 한다. 물의 색이 어떻게 변하는가?

실험 결과

컵의 물은 처음에는 청색이지만 탄산가스가 들어가면서 점점 노랑색으로 변하게 된다. 이것은 탄산가스가 브롬티몰 블루와 화학반응을 일으켜 색이 변한 것이다.

연구

탄산가스는 물에 잘 녹는 기체이다. 물에 녹은 탄산가스의 입자는 너무 작아 눈에 보이지 않지만, 병 안의 압력이 낮아지면 팽창하여 거품이 된다. 탄산가스가 물에 녹으면 약한 산성의 물이 되기 때문에 '탄산수'라고 부른다. 사이다, 콜라, 스프라이트, 세븐업 등과 같은 음료를 금방 열어 마셨을 때 혀를 탓 쏘는 듯한 것은 이 탄산의 독특한 맛이다.

산성, 중성 또는 알칼리성에 따라 색이 변하는 것을 확인하는 화학실험용 약품을 '지시약'이라 한다. 지시약에는 브롬티몰 블루 외에 리트머스, 페놀프타레인 등이 있다.

베이킹파우더로 만드는 탄산가스

— 탄산가스를 유리병에 모아보자

준비물

- 식초 (부엌에서 쓰는 과일 식초류)
- 베이킹파우더 (일명 베이킹 소다)
- 큰 스푼
- 세수 대야 (또는 큰 냄비)
- 플라스틱 음료수병
- 투명 유리병 (작은 약병)
- 물에 적신 휴지 (또는 공작용 점토)
- 링거주사용 플라스틱 튜브 (직경이 큰 스트로 4개를 하나의 관이 되게 테이프로 연결하여 사용할 수 있다.)
- 눈을 보호하는 보안경 (만드는 법 이 책의 끝 페이지 참조)

실험 목적

슈퍼마켓의 식품 코너에서 파는 베이킹파우더는 빵을 만들 때 이스트 대신 사용하는 빵 제조 재료이다. 여기에는 탄산나트륨이 들어 있으며, 밀가루와 섞어 반죽하면 탄산가스가 즉시 발생하여 이스트로 발효시킨 것처럼(실험61 참조) 빵이 부풀게 된다. 이 베이킹파우더에 식초를 섞어주면 금방 탄산가스가 생겨나므로 이것을 유리병에 모으는 실험을 해보자.

주의

- 이 실험을 할 때는 식초가 눈에 들어가는 것을 방지하기 위해 보안경을 써야 한다. 그리고 실험에 공업용 빙초산을 사용해서는 절대 안 된다.
- 보안경 대신 수영할 때 쓰는 수경이나 색안경을 사용할 수 있다. 그러나 보안경은 자주 이용할 것이므로 하나 만들어두고 쓰자.

그림1

실험 방법

1. 세수 대야에 수돗물을 깊이가 8센티미터 정도 되도록 담는다.
2. 유리 약병에 가득 물을 채우고, 그 입구를 손가락으로 막은 상태로 뒤집어서 대야의 바닥에 거꾸로 세운다. 이때 유리병 안에 기포가 들어가지 않도록 한다. 약간은 들어가도 무방하다.
3. 플라스틱 튜브의 한쪽 끝은 음료수병에 꽂고, 다른 한쪽 끝은 물속의 유리병 입구에 끼운다. 유리병이 넘어지지 않게 부모님이나 친구가 잡아주면 좋겠다.
4. 물에 젖은 휴지로 음료수병의 입구를 막아 공기가 새지 않도록 한다. 공작용 점토로 막으면 더 편리할 것이다.
5. 보안경을 쓴 다음, 음료수 병에 식초를 약 4센티미터 높이까지 붓는다.
6. 음료수 병에 다시 베이킹파우더를 2스푼 넣은 후, 곧바로 젖은 휴지로 병 입구를 막는다.

그림2

7. 음료수병에서 발생한 탄산가스가 플라스틱 튜브를 따라 물속의 병으로 들어가 (그림2 참고) 병을 채우게 될 것이다.

실험 결과

산성인 식초와 베이킹파우더(탄산나트륨 성분)가 만나면 화학반응이 일어나 탄산가스가 발생한다. 이 가스는 플라스틱튜브를 따라 물속에 거꾸로 놓아둔 병 속으로 들어간다. 가스가 병으로 들어가면 병 안의 물은 밖으로 밀려나가게 된다.

연구

이렇게 병 안에 가득 모은 탄산가스는 브롬티몰 블루(실험62 참고)와 만나면 노랑색으로 변하고, 석회수와 만나면 탄산칼슘이 생겨 물빛을 탁하게 한다.

태양빛은 색을 바래게 한다

— 어떤 빛깔이 더 잘 탈색될까?

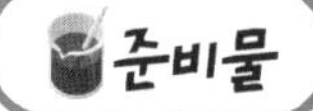

- 햇빛이 잘 비치는 창문
- 색종이 (여러 가지 색)
- 접착테이프
- 가위
- 장롱

실험 목적

처음 샀을 때는 보기 좋았던 옷의 색이 오래 입는 동안에 탈색되는 경우가 자주 있다. 벽에 붙여준 예쁜 그림이 며칠 사이에 바래어(탈색) 보기 싫게 된 경험도 있었을 것이다. 햇빛이 잘 비치는 곳에 둔 물건은 왜 색이 변하는가? 탈색의 정도는 색에 따라 다른데, 어떤 색이 더 잘 퇴색하는가?

실험 방법

실험1

1. 문방구에서 산 색종이에서 노랑, 초록, 분홍, 빨강, 파랑, 검정 이렇게 6가지를 고른다.
2. 색종이를 같은 폭이 되도록 4조각으로 가로로 길게 잘라, 색마다 4조각의 색종이를 준비한다 (그림1). 종이를 가위로 자를 때는 안전하지만, 칼로 절단할 때는 위험하므로 작은 힘으로 여러 번 베도록 한다.
3. 6가지 종류의 색종이 한 벌을

그림1

그림2

그림2처럼 햇빛이 잘 비치는 유리창에 테이프로 붙여둔다.

4. 이와 똑같은 색종이 한 벌은 햇볕이 들지 않는 장롱의 문 안쪽에 같은 방법으로 붙여둔다.
5. 2주일 뒤에 장롱에 붙여두었던 색종이와 유리창에 붙였던 색종이의 색을 비교해보자. 어떤 색이 얼마나 변색 또는 퇴색했는가? 어떤 색이 더 많이 탈색되었는가?

■ 실험2

1. 검정색 종이 한 장을 다시 4조각으로 잘라내고, 이것의 중간을 잘라 반쪽짜리 검정색종이 8조각을 준비한다.
2. 반쪽짜리 검정 종이를 분홍, 노랑, 초록, 파랑 4가지 색의 종이 밴드 절반 부분이 가리도록 그림3과 같이 테이프로 붙인다. 이것을 같은 방법으로 2벌 준비한다.
3. 이렇게 준비한 색종이를 실험1에서와 같이 한 벌은 유리창에 붙이고, 한 벌은 장롱 문 안쪽에

그림3

붙여둔다.

4. 2주일 뒤에 색종이에 따라 어떤 변색이 있었는지 관찰하고, 그 이유를 생각해보자.

실험1 결과

햇빛은 색깔을 변색케 하는 성질이 있다. 특히 빨리 변색되는 색은 노랑색 계통이다. 그러나 검정, 파랑, 붉은색은 좀더 느리게 변색된다.

실험2 결과

실험1에서와 같이 색종이는 탈색이 되었지만, 검정 종이를 붙여둔 부분과 붙이지 않은 부분의 탈색 정도는 차이가 난다. 그러나 장롱 안에 둔 색종이는 거의 변색하지 않고 있다.

연구

옛 사람들은 흰색의 무명옷에 때가 묻어 지워지지 않으면, 그것을 강한 햇빛 아래에 널어말려 탈색되도록 했다. 햇빛 속의 자외선은 색이 바래지도록 하는 화학작용의 힘이 있다. 햇빛이 비치는 곳에 걸어둔 사진이나 그림은 차츰 변색되어 볼품이 없어진다. 길거리 서점의 유리문에 붙여둔 잡지 표지 그림이 퇴색해 있는 것도 자주 목격할 수 있다. 그래서 햇빛이 늘 비치는 곳에 두는 광고판의 그림이나 글씨는 햇볕에 잘 변색되지 않는 페인트를 사용하며, 잘 변색되지 않는 색을 골라 사용하고 있다.

미술관이나 박물관에 가면 플래시를 터뜨려 사진 찍는 짓을 절대 하지 않아야 한다. 수많은 입장객이 저마다 사진을 찍으면 플래시의 빛이 그림이나 전시품의 본래 색을 탈색시키기 때문이다. 박물관 입구에 '손대지 마세요'라는 말과, '사진 촬영 금지'라고 쓴 이유의 하나는 여기에 있다.

1. 우리 집에는 햇빛 드는 곳에 걸어둔 액자가 없는지 확인해보고, 만일 있다면 다른 위치로 옮기도록 하자.
2. 창문의 커튼 색도 처음에는 색상이 화려하고 좋지만 오래 지나면 변색된다. 거리의 광고판에서는 어떤 색을 많이 사용하고 있는지 확인해보자.

65 산성을 구별하는 지시약 만들기

— 붉은 양배추 잎으로 만든 지시약

- 붉은 양배추 잎 약간
- 따뜻한 물
- 가위
- 베이킹파우더
- 주방용 비닐장갑
- 보안경
- 물 2컵
- 레몬주스

실험 목적

지시약은 산성인가 알칼리성인가에 따라 색이 변하는 물질이다. 푸른색 리트머스 시험지는 산성에서는 붉은색(핑크빛), 알칼리성에서는 청색이 그대로 있다. 붉은색 잎을 가진 양배추의 색소로 지시약을 만들어보자.

실험 순서

1. 가위로 붉은빛 양배추의 잎을 아주 잘게 썰어 유리컵에 3분의 1쯤 담고, 여기에 따뜻한 물을 붓는다. 물이 뜨거우면 잎이 익어버려 색소가 나오지 않는다. 반대로 물이 차면 색소가 빨리 울어나지 않는다.
2. 15분쯤 후에 붉은색소가 얼마나 울어 나왔는지 확인해보자.
3. 이 붉은색 물을 다른 유리컵에 붓는다. 이때 양배추 조각이 들어가지 않도록 한다.
4. 보안경을 쓴 후, 레몬주스 (또는 오렌지주스)를 붉은색 물에 조금 부어보자. 붉은색이 무슨 색으로 변하는가?
5. 이번에는 4의 컵에 베이킹 파우더를 4분의 1 스푼 정도 넣고 저어보자. 어떤 색으로 변화가 일어나는가?

실험 결과

붉은 양배추의 잎 세포 속에 들어있던 색소가 따뜻한 물속으로 녹아나오면 보랏빛 물이 된다. 이 보라색 물에 레몬주스(산성 물질)를 넣으면 물빛은 핑크빛으로 변한다. 그리고 다시 거기에 베이킹 파우더(알칼리성 물질)를 넣으면 물빛은 청록색으로 바뀌게 된다.

연구

용액(물에 다른 물질이 녹은 것)은 흔히 산성 또는 알칼리성으로 구분된다. 강한 산성물질(염산, 황산, 질산 등)은 금속을 녹여버릴 정도로 매우 위험하므로 청소년들은 절대 취급해서는 안 된다. 강한 알칼리성 물질인 수산화나트륨은 비누를 만들 때 쓴다. 레몬주스, 탄산음료, 묽은 식초 등은 약한 산성이고, 비눗물은 약한 알칼리성이다.

1. 붉은 양배추 잎으로 만든 지시약을 우유, 탄산음료, 오렌지주스, 사과주스, 샴푸를 한두 방울 넣은 물 등에 부어 산성인지 알칼리성인지 조사해보자.
2. 붉은색, 청색, 황색의 꽃잎이나 다른 야채의 색소로도 지시약을 만들 수 있는지 같은 실험을 해보자.

66 깎아 둔 사과 표면이 변색하는 이유

— 사과의 변색을 방지하는 방법을 찾아보자

- 사과 몇 개
- 과도
- 레몬주스
- 귀 청소용 솜방망이
- 보안경

실험 목적

사과를 깎아 쟁반에 담아두면 잠시 후 새하얗던 표면의 색이 갈색으로 변한다. 이것은 공기 중의 산소가 사과의 성분과 빠르게 화학반응을 일으킨 결과이다. 사과의 변색을 막는 간단한 방법을 찾아보자.

 실험 방법

1. 사과를 세모꼴이 되게 잘라 접시에 담고 가만히 두었다가 2,3분 후에 자른 표면을 살펴보자. 무슨 색으로 변했는가?
2. 사과를 자르자마자, 면봉에 레몬주스를 적셔 사과의 양쪽 면 중에 한 면만 칠을 해두자.
3. 레몬주스를 바른 면과 바르지 않은 면의 변색 시간을 비교해보자.

 실험 결과

사과를 자른 면에 레몬주스를 발라두면 오래도록 변색하지 않는다.

연구

사과를 자르면 세포들이 깨어지면서 사과즙이 나오고, 이것이 산소와 화학반응을 하여 갈색으로 변한다. 그러나 레몬을 바른 부분은 레몬 속의 산성 물질이 산소보다도 먼저 사과즙과 반응하기 때문에 표면의 색이 변하는 속도를 더디게 만든다.

1. 사과 표면의 변색을 저지할 수 있는 물질로 레몬주스 외에 무엇이 있을까?
2. 자른 사과를 냉장고에 두었을 때와 외부에 두었을 때 어느 쪽이 먼저 얼마나 빨리 변색할까? 그 이유는 무엇일까?

비눗방울은 왜 만들어지나

— 대형 비눗방울을 만드는 방법

- 부엌에서 쓰는 세제
- 자
- 음료수 스트로
- 작은 티스푼
- 플라스틱 컵
- 보안경

실험 목적

물은 거품을 만들더라도 잠시 후면 없어지고, 또 큰 거품이 되지 않는다. 그런데 물에 비누가 섞이면 큰 방울을 만들 수 있게 된다. 비누보다 그릇 씻는 세제는 더 대형 비누방울을 만든다. 비눗방울은 왜 만들어지며, 세제를 얼마나 넣어야 거대한 방울을 만들 수 있는지 실험해보자.

실험 방법

1. 플라스틱 컵에 티스푼으로 물 5, 세제 1의 비율로 담고 충분히 휘젓는다.
2. 이렇게 섞은 세제 물을 스푼으로 조금 떠서 식탁의 유리 위에 떨어뜨리고 넓게 편다.
3. 보안경을 쓴 뒤, 그 물에 스트로 끝을 적시고 입김을 아주 천천히 불면서 거품을 만들어보자. 이때 비눗물을 입으로 빨아들이지 않도록 조심한다.
4. 최대의 비눗방울이 되었다고 생각될 때, 그 방울의 직경을 자로 재어 기록해두자. 이런 큰 방울 만들기를 여러 차례 하여 그 평균 크기를 계산해보자. 비눗방울을 크게 분 상태에서 퍽! 꺼져버리면 자로 얼른 방울이 있던 가장자리 직경을 재면 된다.
5. 물과 세제의 비율을 20 : 1, 15 : 1, 10 : 1, 5 : 1, 3 : 1, 1 : 1로 하여 같은 실험을 해보자. 어느 비율로 섞었을 때 가장 큰 방울을 만들 수 있는가?

실험 결과

물은 거품을 잘 만들지 않으나 세제가 들어간 물은 거품이 잘 생기게 된다. 멋진 비눗방울은 직경도 커야 하지만 잘 깨어지지 않고 오래 견뎌야 한다. 여러분이 어떤 종류의 세제를 실험에 사용했는지에 따라 실험결과는 달라진다. 어떤 세제는 10 : 1이 효과적이고, 어떤 것은 5 : 1일 수도 있다.

연구

거품이란 공기 둘레에 물의 분자가 아주 얇게 펼쳐진 상태이다. 물의 분자는 옆에 있는 물의 분자를 끌어당기는 힘(표면장력)이 세기 때문에, 거품이 생기면 분자끼리 강하게 당기므로 쉽게 깨어지고 만다. 그러나 비누와 같은 세제가 물에 섞이면 물 분자끼리 끌어당기는 힘이 약해져 큰 방울이 될 수 있다.

1. 가정에는 세숫비누, 빨래비누, 머리 샴푸, 세탁용 하이타이, 식기용 세제 등 여러 가지 세제가 있다. 어떤 세제가, 어떤 비율로 배합했을 때 큰 방울을 만드는지 비교 실험을 해보자.
2. 비눗방울이 크게 생기면 그 표면에서 무지개 빛이 아롱거리는 것을 보게 된다. 무지개색이 나오게 되는 원인도 생각해보자.

소금물, 맹물 어느 쪽이 빨리 얼까?

– 영하의 기온에서도 식물이 잘 얼지 않는 이유

- 종이컵 2개
- 유성 사인펜
- 차숟가락으로 소금 1스푼
- 종이테이프
- 냉장고
- 차숟가락

실험 목적

유리병에 담아둔 물이 얼면 병이 깨어진다. 그것은 물이 단단한 고체로 되면서 부피가 늘어났기 때문이다. 유리병의 물이나 수도관의 물이 얼어 터지게 되는 것을 사람들은 '동파'라고 말한다. 겨울에 식물체의 물이 언다면 줄기가 터지거나 하는 현상이 일어날 것이다. 그러나 많은 식물은 추운 계절에도 얼지 않고 잘 견딘다. 왜 식물체 내부의 물은 잘 얼지 않는지 실험으로 확인해보자.

실험 방법

1. 2개의 종이컵에 같은 양의 수돗물을 담는다.
2. 한 개의 컵에 소금 1스푼을 넣고 휘젓는다.
3. 유성 사인펜으로 접착테이프에 '물'과 '소금물'을 각각 적어 컵에 붙인다.
4. 두 컵을 냉동 칸에 넣어놓고, 24시간 동안 수시로 열어보면서 어느 쪽 물이 먼저 어는지 확인해보자.
5. 24시간 후 두 컵의 물이 다 얼었을 때, 꺼내어 어느 쪽 얼음이 단단한지 그 강도를 비교해보자.

 실험 결과

맹물은 빨리 단단하게 얼었지만 소금물은 늦게 얼었을 것이다. 24시간 정도 지나 두 컵의 물이 다 얼었더라도 소금물은 맹물처럼 그렇게 단단하지 않다.

 연구

순수한 물은 섭씨 0도에서 얼기 시작한다. 그런데 물 속에 다른 물질(소금이나 광물질 및 기타 물질)이 녹아 있으면 어는 온도가 점점 내려간다. 또한 녹아 있는 물질의 양이 많으면 어는 온도는 더욱 낮아진다. 식물의 세포 안에 들어 있는 물에는 영양분과 여러 가지 화학물질이 녹아 있기 때문에 섭씨 0도 보다 낮은 온도가 되어야 언다. 과학용어로 이런 현상을 '빙점강하'라고 말한다.

식물의 잎이나 줄기가 어는 온도는 식물에 따라 다르다. 호박이나 가지, 토마토와 같은 식물의 잎은 기온이 영하로 내려가 서리가 내리면 금방 얼어버린다. 반면에 양배추, 배추, 무 등은 서리가 내려도 잘 얼지 않는다. 이것은 잎 속의 염분 농도가 높기 때문이다. 추운 겨울을 지내야 하는 식물들은, 날씨가 추워지면 세포의 염분 농도를 높게 하여 겨울을 넘긴다.

1. 술이나 맥주는 물에 알코올이 녹아 있는 것이다. 물과 술은 어느 쪽이 먼저 얼게 될까?
2. 오염이 심한 강물은 겨울에 잘 얼지 않는 이유에 대해서도 생각해보자.

계란으로 삼투현상을 실험해보자

– 계란 안을 싸고 있는 주머니는 반투막

- 껍데기가 깨지지 않은 계란
- 계란이 들어갈 정도로 큰 입을 가진 유리병과 뚜껑 (큰 커피 병)
- 깨끗한 식초
- 보안경

실험의 목적

설탕이 녹아 있는 물을 반투과성막(반투막)으로 거르면 물은 빠져나가고 설탕만 남겨둔다. 모든 생물의 세포막은 이와 같은 반투성막으로 되어 있다. 계란의 안쪽을 둘러싼 투명한 막은 반투막이다. 계란을 이용하여 '반투성'이라는 현상에 대해 알아보자.

주의 - 계란의 표면에는 비위생적인 세균이 묻어 있으므로, 만진 뒤에는 반드시 비눗물로 손을 씻는다.

실험 순서

1. 계란을 깨어지지 않도록 유리병 안에 살며시 놓는다.
2. 보안경을 낀 다음, 계란이 충분히 잠길 정도로 식초를 붓는다. 식초가 눈에 튀지 않도록 해야 한다.
3. 뚜껑을 잘 닫는다.
4. 계란껍데기에서 어떤 현상이 일어나는지 관찰하자. 그리고 3일 동안 그 상태로 두면서 계란에 어떤 변화가 생기는지 수시로 조사해보자.
5. 이번 실험에 쓴 계란은 다음 실험(실험70)을 위해 그대로 보존해둔다.

실험 결과

계란에 식초를 부으면 계란의 껍데기 주변에 작은 기포가 가득 생겨 거품처럼 떠오르는 것을 보게 된다. 이것은 계란 껍데기 성분 (탄산칼슘 : 석회석 성분과 같음)이 식초와 화학반응을 하여 탄산가스를 발생시킨 때문이다. 약 72시간이 지나면 껍데기는 완전히 없어지고 흰자와 노른자를 싸고 있는 반투명한 막만 분해되지 않고 남는다. 그리고 시간이 지나면 껍질이 녹아 없어진 계란은 전보다 더 부풀어 있다.

연구

계란의 안 껍질은 반투막이다. 반투막에는 아주 작은 구멍이 있다. 이 구멍으로 물 분자는 통과할 수 있으나, 물보다 분자가 큰 다른 물질은 지나가지 못한다. 그러므로 계란을 식초에 담가두면 식초 속의 수분이 반투막을 지나 계란 속으로 스며들어간다. 물이 반투막을 통해 들어가는 것을 '삼투'라고 말하는데, 삼투현상은 물의 농도가 높은 쪽에서 물 농도가 낮은 쪽으로 일어난다.

예를 들어 진한 소금물과 연한 소금물 사이에 반투막이 가로막고 있으면, 농도가 연한 쪽의 물이 진한 소금물 쪽으로 삼투되어 들어가므로, 얼마큼 시간이 지나면 반투막 양쪽의 농도가 같아진다.

계란에도 수분이 있고 그 수분에는 여러 가지 영양물질이 녹아있다. 그러나 식초에는 식초성분의 양에 비해 물의 양이 더 많다. 그러므로 식초 쪽의 물이 계란 속으로 들어가 계란을 크게 부풀게 한다.

설탕물로 쪼그라든 계란을 만들어보자

– 용액의 농도가 진하면 수분이 빠져나간다

- 실험 69에서 사용한 부푼 계란
- 진한 설탕물 (또는 큰 시럽)
- 계란이 들어갈 크기의 입구를 가진 유리 커피 병
- 보안경

실험 목적

실험69에서는 외부의 수분이 계란 안으로 삼투되어 들어갔다. 이번에는 계란 속의 물이 외부로 빠져나오도록 해보자.

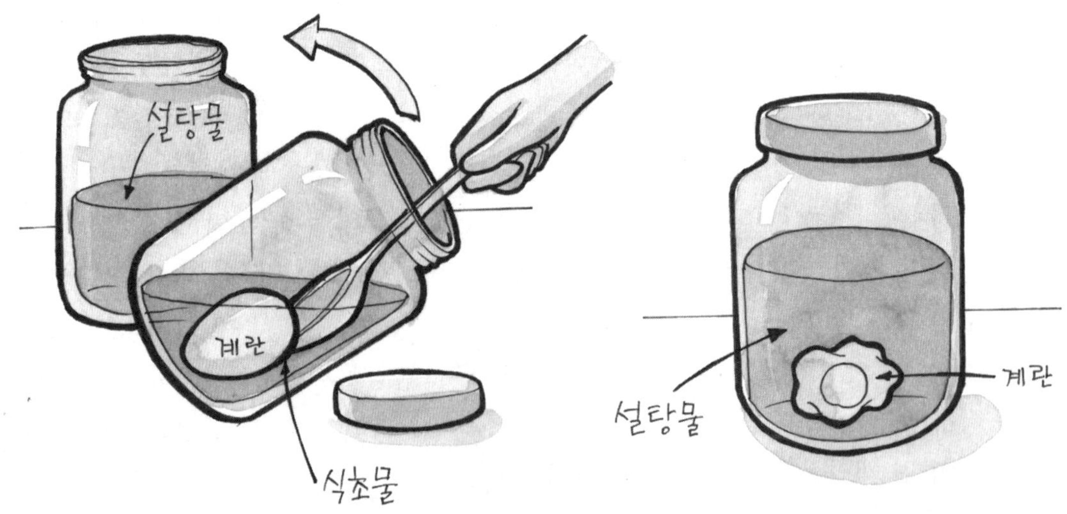

 실험 방법

1. 커피 병에 3분의 1쯤 물을 담고, 여기에 몇 스푼의 설탕을 넣고 휘젓는다. 설탕물은 진하게 만드는 것이 실험에 편리하다.
2. 보안경을 쓰고, 실험69에서 사용한 부푼 계란을 터뜨리지 않도록 스푼으로 조용히 담아내어 설탕물 병에 넣는다.
3. 뚜껑을 덮고 72시간 정도 두었다가 계란이 어떤 모습으로 변했는지 조사해 보자.
4. 실험69와 어떤 차이를 발견할 수 있는가?

 실험 결과

이번에는 실험69와 반대로 쪼그라든 작은 계란이 되어 있을 것이다.

 연구

진한 설탕물이나 콘 시럽은 계란에 비해 농도가 매우 높다. 그러므로 물의 삼투현상은 계란에서 설탕물 쪽으로 빠져나가 부푼 계란이 쪼그라들어 작은 계란으로 된다. 계란 속의 수분에는 여러 가지 영양분이 녹아 있지만, 그러한 물질은 분자가 커서 반투막의 작은 구멍을 통과하지 못한다.

싱싱한 생선이나 배추 등을 소금에 절이면, 생선과 채소 내부의 수분이 세포막을 통해 빠져나간다. 소금물 속에 채소나 생선을 아주 오래 두면, 세포막이 변질되어 반투성을 잃게 된다. 그때는 물에 용해된 소금 분자가 '확산'이라는 현상에 의해 세포 안 전체에 고루 퍼져 완전히 소금에 절은(숨이 죽은) 생선이나 야채로 된다.

1. 바닷물 속에 사는 물고기나 다른 생물들은 어떻게 소금기 속에서 절지 않고 (체내의 수분을 잃지 않고) 살 수 있을까?

71 공기가 가진 압력을 확인해보자

– 기체의 탄성은 훌륭한 쿠션이 된다

- 빈 비닐 주머니
- 빈 주사기

실험 목적

물질은 기체, 액체, 고체로 크게 나눈다. 기체는 일정한 형태를 가지고 있지 않아 물질이 아닌 것처럼 생각될 수 있다. 그러나 공기의 무게라든지, 공기의 압력을 실험해보면 기체도 물질이란 것을 확인할 수 있다.

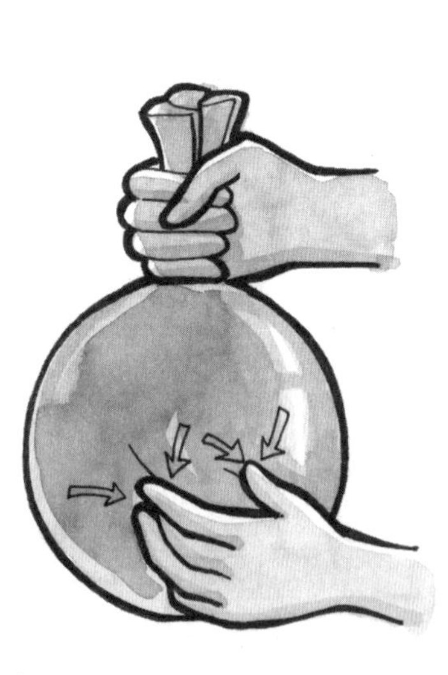

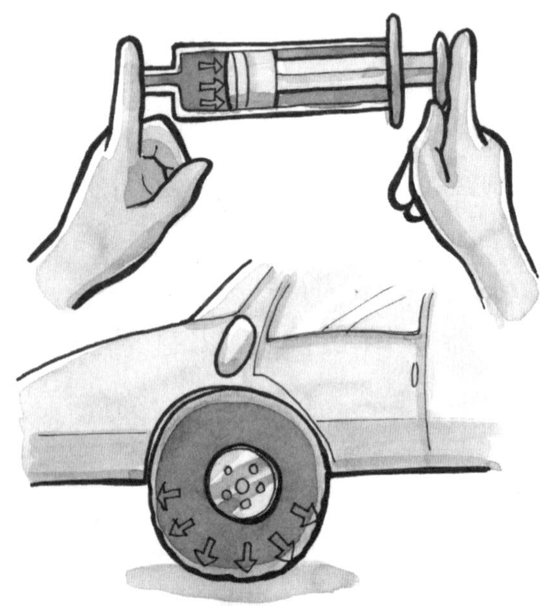

실험 방법

1. 빈 비닐 주머니에 바람을 가득 넣고 팽팽한 상태로 그 입구를 조여서 내부의 공기가 밖으로 나가지 않게 한 손으로 꽉 쥐어보자.
2. 다른 손으로 불룩한 비닐 주머니를 꾹 눌러보자. 비닐 속의 공기는 어떤 반응을 보이는가?
3. 주사기의 입구를 손끝으로 막고 손잡이를 힘껏 눌러보자. 눌린 공기는 왜 반발하는가?

실험 결과

비닐 주머니 속의 공간을 차지한 공기는 손으로 누르면 탄성을 보이며 누르는 힘에 대해 반발한다. 주사기 속의 공기를 압축하면 더 강한 힘으로 반발하는 것을 느낀다. 압축된 공기는 큰 힘을 가지고 있다.

연구

공기의 분자는 가만히 있지 않고 이리저리 움직인다. 온도가 높으면 더 빨리 운동한다. 비닐 주머니 안에 든 공기는 주변을 둘러싼 비닐 벽에 대해 압력을 주고 있다. 그래서 외부에서 손으로 주머니를 꾹 누르면 그에 반발하여 되밀어낸다. 주사기 속의 공기압 또한 마찬가지이다.

공기의 이러한 성질을 이용한 것에 자동차나 자전거의 바퀴, 축구공이나 농구공과 같은 각종 공이 있다. 튜브 속에 고압으로 압축해놓은 공기는 큰 탄성을 나타내어 무거운 힘에 대해 훌륭하게 쿠션 역할을 한다.

기계를 이용하여 공기를 세게 압축한 것을 '압축공기'라고 한다. 공기총은 압축공기를 이용하여 탄환을 발사하고, 공사장에서는 압축공기를 이용한 드릴(착암기)로 바위를 뚫는다. 스쿠버다이버들이 등에 지고 물속에 들어가는 잠수탱크에도 압축공기가 들어 있다.

기계적인 힘이나 물리적 성질을 이용하여 공기를 강하게 압축하면 물과 같은 액체로 변한다. 이것을 '액체공기'라 한다. 프로판가스 통에 들어 있는 액체는 프로판이라는 기체를 고압으로 눌러 액체로 만든 것이다. 그런데 탄산가스를 고압으로 압축하면 액체가 아닌 고체로 되며, 이것을 '드라이아이스'라고 한다.

너무 당연한 자연의 법칙 하나

— "두 물질이 동시에 같은 장소를 차지할 수 없다"

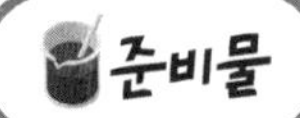

- 유리로 된 컵
- 수돗물
- 구슬 10여개
- 종이테이프(마스킹 테이프)

실험 목적

과학의 법칙은 때로 너무나 당연한 말처럼 생각된다. "두 물질이 동시에 같은 장소를 차지할 수 없다."는 자연 법칙도 그런 것 중의 하나이다. 이것의 의미를 실험으로 확인해보자.

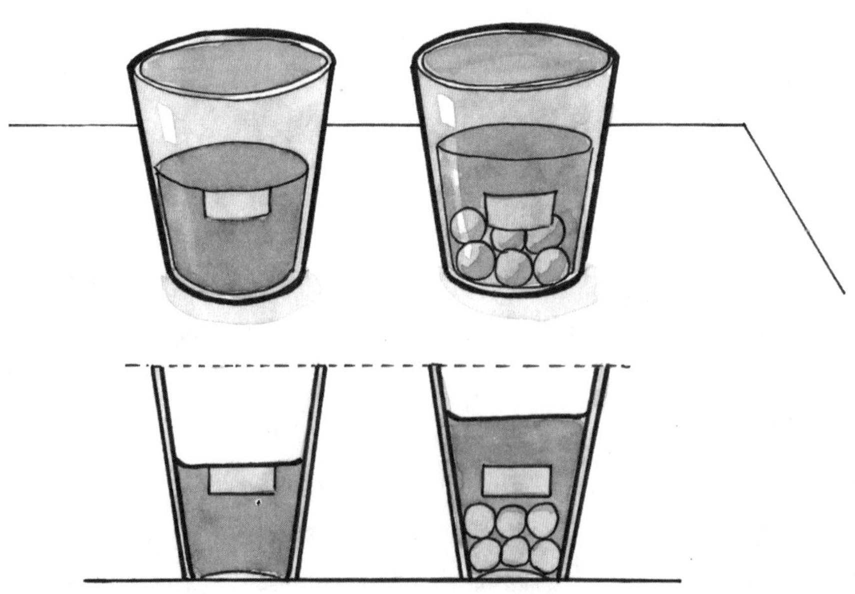

실험 방법

1. 유리컵에 물을 절반 정도 높이까지 담는다.
2. 컵의 수면과 같은 위치에 평행하게 접착테이프를 붙여 눈금의 기준으로 한다. 이때 유리컵에 담긴 물의 수면은 가장자리 쪽이 높아지므로, 중앙 부분의 수면에 맞춰 마스킹 테이프를 붙이도록 한다.
3. 유리컵이 깨지지 않도록 살그머니 구슬을 한 알씩 6개 정도 넣어보자.
4. 컵의 수위가 어디까지 올라갔는지 확인하여 표시를 하자.

실험 결과

컵의 수면은 집어넣은 유리구슬의 부피만큼 높아진다. 이것은 같은 장소를 물과 구슬이 동시에 차지할 수 없기 때문이다.

연구

물과 구슬은 모두 물질이다. 두 가지 물질이 동시에 같은 장소를 차지할 수 없으므로, 구슬을 한 알씩 물에 넣을 때마다 물은 위로 밀려나 결국 수면이 높아지게 되었다.

컵에 물을 담으면 가장자리 쪽의 수면이 중앙보다 높다. 이것은 물분자가 유리분자와 결합하려는 부착력 때문이다. 물의 성질 중에서 물 분자끼리 서로 붙으려 하는 것은 '응집력'이라 하고, 물 분자가 다른 물질의 분자에 달라붙으려 하는 것은 '부착력'이라 한다. 가느다란 유리관을 물에 꽂으면 수면보다 높게 물이 올라가는 것은 부착력 때문이며, 이를 모세관현상이라 한다.

1 + 1 = 2가 아닐 수 있을까?

– 물에 설탕을 타면 2가 되지 못한다

- 종이테이프 (마스킹테이프)
- 작은 플라스틱 생수병
- 수돗물
- 설탕
- 작은 유리잔
- 연필

실험 목적

실험72에서 물에 구슬을 넣으면 구슬의 부피만큼 수면의 높이가 상승했다. 평소 커피를 탈 때 커피 물에 설탕을 넣어보면 수위가 별로 높아지지 않는 것을 발견하게 된다. 물에 설탕을 넣었을 때는 '두 가지 물질이 동시에 같은 장소를 차지할 수 없다'는 법칙에 예외가 생긴 것일까?

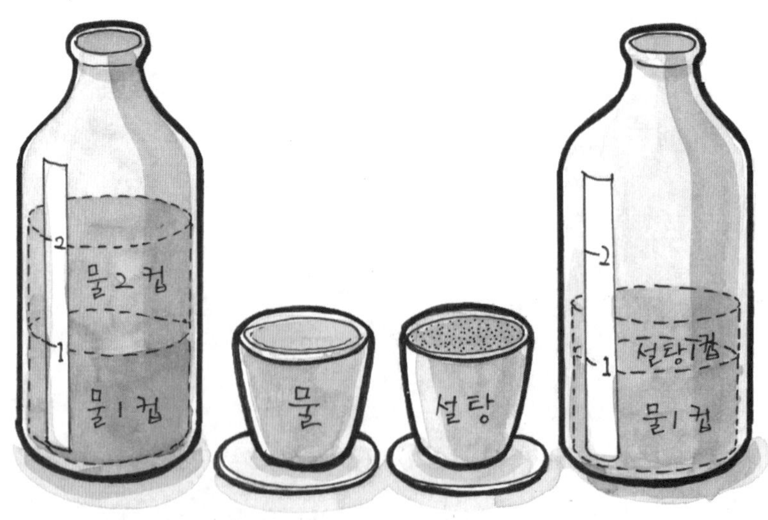

그림1

 실험 방법

1. 플라스틱 생수병 바깥에 그림1과 같이 종이테이프를 길게 붙인다.
2. 작은 유리잔으로 물 한 컵을 생수병에 붓고, 그 수면에 맞추어 종이테이프에 '1'이라고 연필로 기록한다.
3. 물 한 컵을 더 붓고, 그 수면에는 '2'라고 표시한다.
4. 생수병의 물을 완전히 쏟아내고 비운 뒤 내부의 물기를 없앤다.
5. 말린 생수병에 한 잔의 물을 부어 '1'의 수면과 일치하는지 확인한다.
6. 유리잔에 설탕을 가장자리까지 가득 담아. 이것을 흘리지 않도록 깔때기를 하여 생수병에 붓는다.
7. 생수병의 수면은 '2'의 수위에 있는가?

 실험 결과

물에 설탕을 녹이면 수위가 2의 위치에 미치지 못한다. 즉 1 + 1 = 2가 아닌 것처럼 보인다.

그림2

 연구

'두 가지 물질이 같은 장소를 동시에 차지할 수 없다고 했다.'고 했는데, 이 실험에서는 실험72와는 다른 결과를 보인다. 그러나 자연법칙이 틀렸거나 예외가 생긴 것은 아니다.

설탕은 입자와 입자 사이만 아니라, 분자와 분자 사이에도 빈틈이 많이 있다. 이 실험에서 물은 설탕의 틈새로 들어가 자리를 차지하기 때문에 '2'의 수위까지 미치지 않은 것이다.

1. 비슷한 실험으로 그림2처럼, 넘치기 직전까지 컵에 물을 가득 담고 설탕을 조금씩 넣어보면, 상당한 양을 넣을 때까지 물이 넘어나지 않는 것을 볼 수 있다. 물이 설탕 분자의 틈새에 있는 빈 공간으로 들어갔기 때문이다.

물이 서로 끌어당기는 힘은 얼마나 강한가?

— 물의 분자는 서로 들어붙기 좋아한다

- 물 컵과 쟁반
- 수돗물
- 종이클립

실험 목적

컵에 물을 가득 담으면 수면이 컵의 가장자리보다 높이 올라올 수 있다. 그 이유는 무엇일까?

실험 방법

1. 컵을 접시 위에 놓는다.

2. 컵의 가장자리까지 가득 물을 채운다.
3. 컵에 종이클립을 매번 1개씩 물이 넘쳐 쏟아질 때까지 넣어보자. 수면이 너무 높아 쏟아지기 직전의 수면은 얼마나 불룩하게 높았던가?

 **연구**

물은 여러 가지 특별한 성질을 가지고 있다. 특히 물의 표면에 있는 물 분자들은 서로 강하게 끌어당기는 힘이 작용한다. 물방울이 둥글게 되는 것이라든가, 이 실험처럼 컵 가득 담긴 물의 표면이 불룩해지는 것은, 표면의 분자들 사이에 강하게 끌어당기는 힘이 작용한 때문이다. 물의 표면 분자가 서로 당기는 이러한 힘을 '표면장력'이라 한다.

이 실험에서 컵 위로 불룩 솟은 물이 마침내 쏟아지는 것은, 표면장력보다 더 많은 물이 무겁게 담겼기 때문이다. 모든 물이 표면을 평평하게 하는 것은 표면의 면적이 최소가 되도록 하는 이 표면장력 때문이다.

수면 위를 스키 타듯이 스쳐 다니는 소금쟁이나 물매암이, 물거미 등은 물의 표면장력 덕분에 물에 빠지지 않고 돌아다닐 수 있다.

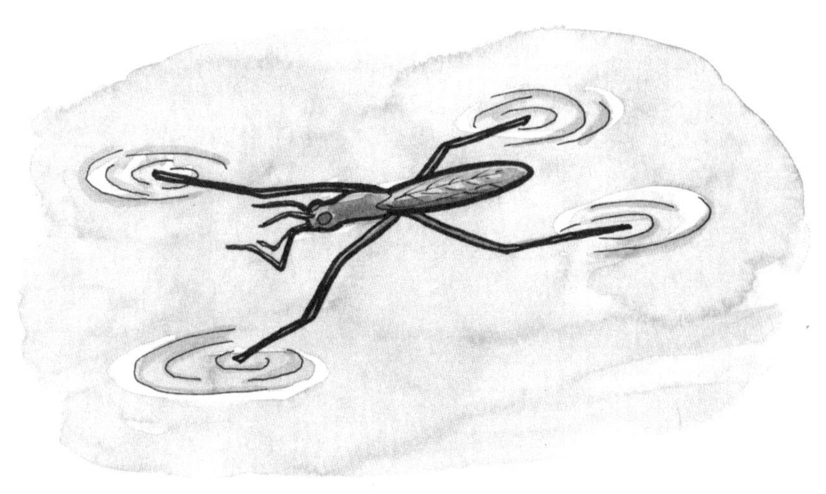

물의 응집력을 실험해보자

— 물 분자는 서로 끌어당기는 힘이 강하다

- 커다란 종이컵
- 연필
- 물

실험 목적

물은 물끼리 서로 붙으려 하는 강한 힘이 있다. 몇 가닥으로 나눈 물이 서로 붙어버리는 것을 실험해보자.

실험 방법

1. 종이컵 아래쪽에 송곳이나 연필 끝으로 4개의 구멍을 나란히 뚫는다. 이때 구멍과 구멍 사이의 간격은 3밀리미터 정도 되게 한다.
2. 컵을 싱크대 가장자리에 놓는다.
3. 손가락으로 컵의 구멍을 막고 물을 가득 채운다.
4. 구멍을 막은 손가락을 치워보자. 4개의 구멍에서 나온 물은 어떻게 되는가?

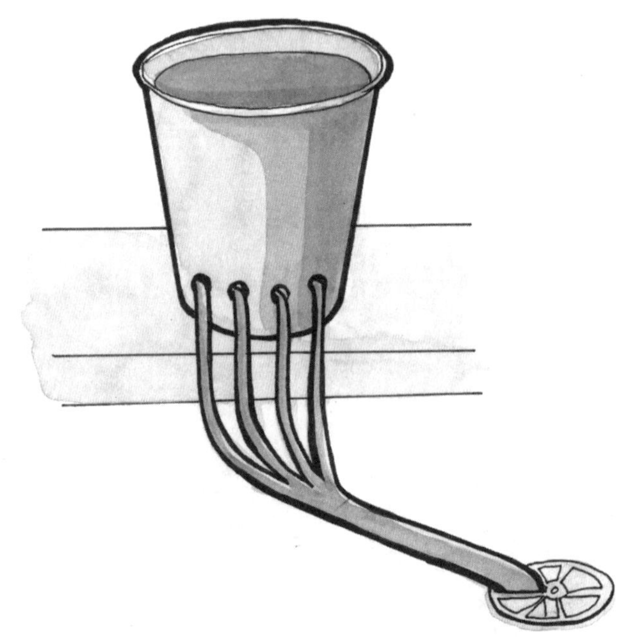

실험 결과

4개의 구멍에서 나온 물줄기는 처음에는 4가닥이지만, 곧 서로 붙어서 하나의 물줄기를 이루게 된다. 만일 구멍 사이가 너무 먼 것이 있으면 물줄기는 두세 가닥이 될 수도 있지만, 가까운 물줄기는 서로 붙어 하나를 이루게 된다.

연구

물의 분자는 서로 끌어당기는 힘이 강하다. 물 분자가 서로 끄는 힘을 '응집력'이라 한다. 실험74에서 관찰한 물의 표면장력도 이 응집력에서 나오는 것이다.

하늘에는 수많은 물 분자가 떠 있으며, 이들 분자가 서로 만나면 응집력 때문에 결합하게 된다. 이런 결합이 계속되면 이슬이 되고 결국 큰 물방울을 이루게 된다. 만일 공기 중의 물 분자가 응집력을 가지고 있지 않다면, 빗방울이나 눈이 만들어지지 않을 것이다.

물은 물끼리 결합하는 힘도 강하지만, 때로는 다른 물체와 결합하는 부착력도 강한다. 현미경 관찰 때 쓰는 두 장의 유리 슬라이드 사이에 물을 바른 후, 두 유리를 서로 떼려고 해보면, 물이 유리면에 어느 정도 강하게 붙어있는지 알 수 있다.

76 계란은 물에 뜰까 가라앉을까?

— 계란의 신선도를 검사하는 방법

- 2개의 컵
- 2개의 계란
- 우유 반 스푼
- 소금 3스푼

● **주의** - 계란껍질은 불결할 수 있으므로 실험을 시작하기 전에 표면을 비누로 깨끗이 씻는다.

실험 목적

싱싱한 계란을 수돗물에 넣으면 모두 가라앉는다. 만일 둥둥 뜨는 것이 있다

면, 그것은 내부가 부패한 계란일 것이다. 그러나 싱싱한 계란이 물에 둥둥 뜨게 하는 마술 실험을 해보자.

실험 방법

1. 두 컵에 물을 3분의 2쯤 채운다.
2. 하나의 컵은 우유 반 스푼을 타서 탁한 빛으로 만든다.
3. 다른 컵에는 소금을 3스푼 넣고 다 녹도록 휘젓는다.
4. 각각의 컵에 계란을 하나씩 넣어보자.

실험 결과

우유빛 물을 담은 컵에 넣은 계란은 가라앉지만 소금을 녹인 컵에 담은 계란은 둥둥 뜨게 된다.

연구

컵 하나에 우유를 탄 것은 좀더 신기하게 보이도록 한 것일 뿐이다. 물에 소금을 녹이면 그 물은 농도가 진해져 계란을 떠오르게 한다. 이스라엘에 있는 사해는 소금기가 너무 진하여 사람이 들어가면 둥둥 뜬다.

1. 사해의 물은 왜 그렇게 염분 농도가 진한 호수가 되었는지 그 원인을 알아보자.
2. 소금물 속에서 계란이 뜨는 것을 응용하여 만든 염분 농도를 재는 염도계(염분계)의 원리를 생각해보자.

식용유와 물은 왜 따로 놀까?

— 물 위에 동그랗게 뜨는 기름방울

- 깨끗한 유리컵
- 소독용 알코올 약간
- 식용유 몇 방울
- 점안기(스포이트)
- 약간의 물

실험 목적

식용유는 물보다 가볍다 (비중이 작다). 그래서 물 위에 떨어진 식용유는 중력의 영향으로 수면에 널따랗게 퍼지게 된다. 그러나 이 실험에서는 식용유가 퍼지지 않고 수면에서 구슬처럼 동그란 방울을 만들게 된다.

실험 방법

1. 유리컵에 물을 반 컵 정도 담는다.
2. 이 유리컵을 조심스럽게 기울인 상태로 소독용 알코올을 3분의 1컵 정도 천천히 부어 알코올이 물 위에 머물러 있도록 한다. 만일 이 작업을 조심스럽게 하지 않으면, 물과 알코올은 금방 혼합되고 만다. (알코올을 만질 때는 코와 입에 가까이 하지 않도록 조심한다.)

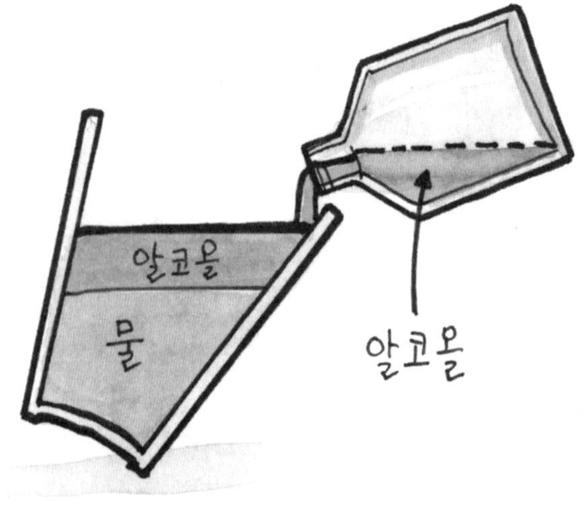

3. 점안기 안에 식용유를 빨아들인다.
4. 점안기의 입구를 알코올 층 속으로 밀어 넣은 상태로 식용유 몇 방울을 수면에 떨어뜨린다.
5. 식용유의 상태가 어떻게 되는지 관찰해보자.

 **실험 결과**

물 위에 알코올을 조용히 부으면 물보다 가벼운 알코올은 물 위에 층을 이룬다. 수면과 알코올 사이에 떨어뜨린 식용유는 수면과 알코올 경계면에서 구슬처럼 동그란 모습이 된다.

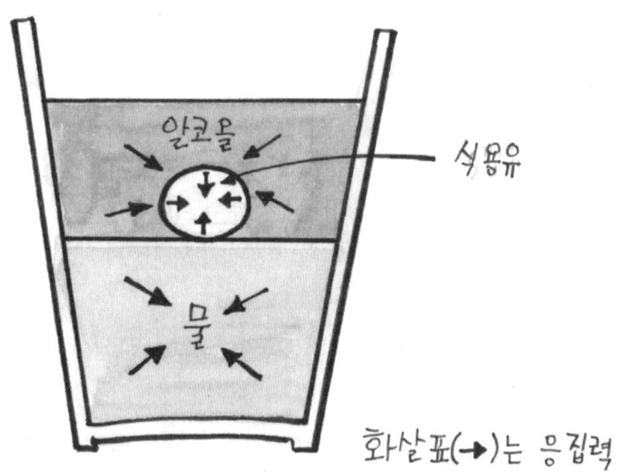

 **연구**

물의 분자는 물 분자끼리 서로 끌어당기는 힘(응집력)이 작용한다. 마찬가지로 알코올 분자나 식용유 분자도 자기 분자끼리 서로 끌어당긴다.

물과 식용유를 섞었을 때, 식용유가 물위로 뜨는 것은 식용유가 더 가볍기 때문이다. 이 실험과 같이 물과 알코올 사이에 놓인 식용유 방울은, 물은 물대로 알코올은 알코올대로 또한 식용유는 식용유대로 같은 분사들끼리 서로 끌어당기는 상황이 된다. 그 결과 식용유는 수면에서처럼 퍼지지 않고 경계면에서 구슬처럼 동그란 형태를 취하게 된다.

탄산음료는 컵 주변에서 왜 많은 거품을 만드나?

— 탄산음료의 거품은 이산화탄소 기포가 팽창한 것

- 자와 가위
- 유리컵
- 종이클립
- 무색의 탄산음료 (사이다)
- 백지

실험 목적

탄산음료를 유리컵에 따르면 컵의 주변에서 더 많은 거품이 발생한다. 그 이유를 실험으로 알아보자.

실험 방법

1. 백지를 폭 2.5센티미터, 길이 15센티미터 되게 가위로 잘라 종이 밴드를 만든다.
2. 이 종이 밴드의 한쪽 끝에 종이클립을 1개 끼운다.
3. 유리컵에 사이다를 가득 붓는다.
4. 컵 내부 중에서 어떤 곳에서 기포가 많이 생기나 관찰한다.
5. 종이 밴드의 클립이 끼워진 부분을 아래로 하여 사이다 속에 담가보자.
6. 종이 밴드 주변에서도 거품이 잘 발생하는가?

실험 결과

컵에 사이다를 부으면 컵 전체에서 거품이 발생하지만, 유리잔의 벽 쪽에서 더

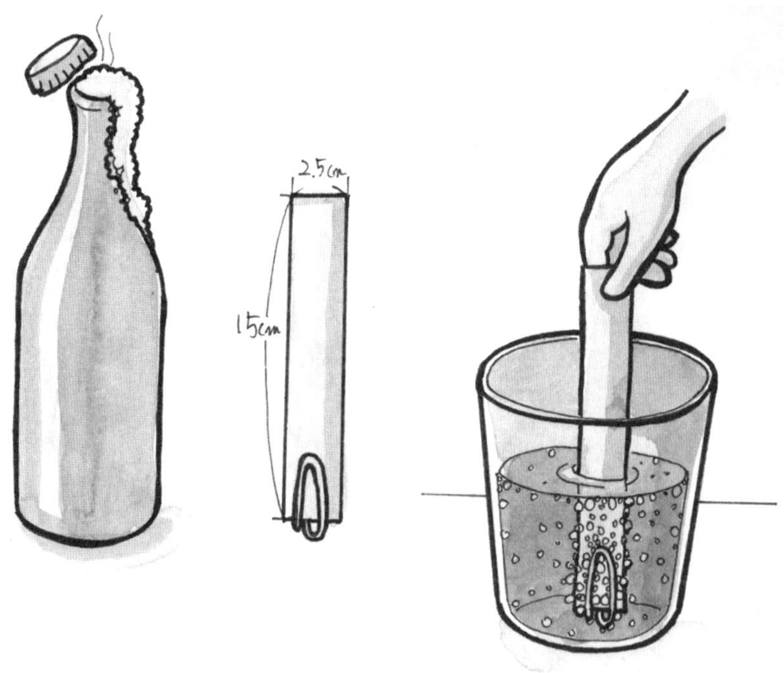

많은 기포가 솟아오른다. 그리고 종이를 집어넣으면 종이 밴드 주변에서 더 많은 기포가 발생한다.

연구

탄산음료(사이다, 콜라 등)에는 눈에 보이지 않을 정도로 작은 탄산가스 거품(기포)이 대량 포함되어 있다. 고압으로 눌려 있는 동안 거품이 되지 못하고 있던 탄산가스는 뚜껑을 여는 순간부터 팽창하여 위로 솟아오른다.

탄산음료를 유리잔에 부었을 때, 유리잔의 벽에는 눈으로 알 수 없는 작은 틈이 수없이 있으며, 이 틈새의 공기에 탄산가스의 작은 기포들이 붙으면 먼저 큰 거품이 된다.

이 실험에서 집어넣은 종이 밴드의 표면에는 더 많은 틈이 있고, 여기에 탄산가스 기포들이 달라붙어 큰 기포가 되면서 무더기로 떠오르게 된다. 만일 유리잔의 어느 한 지점에서 유난히 많은 기포가 올라오고 있다면, 거기에 흠이 있어 공기가 많이 포함된 때문이다.

세탁이 잘 되는 물과 안 되는 물의 차이

— 물에 무기물이 많으면 경수(센물)가 된다

- 뚜껑이 있는 2개의 유리병
- 수돗물 (증류수가 있으면 더 좋다)
- 약간의 소금
- 그릇 씻는 물비누 조금
- 스푼
- 점안기

실험 목적

세수나 목욕을 하면서 비누칠을 한 뒤 물로 씻을 때, 비누기가 좀처럼 지워지지 않고 오래도록 매끈거리는 물(연수, 단물)이 있는가 하면, 반대로 금방 끈끈해지는 물(경수, 센물)이 있다. 연수와 경수로 세탁을 하면 어떤 차이가 나는지 실

험해보자.

실험 방법

1. 2개의 유리병을 수돗물로 채운다.
2. 1개의 병에만 작은 차수가락으로 소금 반 스푼을 넣고 휘저어 녹인다.
3. 두 병에 점안기로 물비누를 3방울씩 똑같은 양 떨어뜨린다.
4. 두 병의 뚜껑을 잘 닫고, 각각을 15번 정도 공중에서 크게 흔들어 물과 비누가 잘 뒤섞이게 한다.
5. 병을 약 10초 정도 조용히 둔다.
6. 어느 병에 비누거품이 많이 생겼는가?
7. 물의 빛깔은 어떤가?

실험 결과

소금을 넣지 않은 병의 물에 비누거품이 더 많이 생긴다. 소금을 넣은 병에는 거품보다 찌꺼기 같은 것이 많이 생긴 것을 볼 수 있다.

연구

이 실험에서는 실험 재료로 증류수(수증기를 모아 응결시킨 물)를 사용하는 것이 더 적당하지만, 집에 증류수가 없으므로 비교적 연수인 수돗물을 사용토록 했다.

'연수'란 부드러운 물이라는 뜻이고, '경수'는 단단한 물이라는 의미를 가지고 있지만, 실제로 물이 부드럽거나 단단한 것은 아니다. 연수는 비누가 잘 풀리고 빨래를 하면 때가 잘 씻어지는 물이다. 반면에 경수는 비눗물이 금방 끈끈해지고 빨래의 때가 잘 씻어지지 않는 물이다. 바닷물은 대표적인 경수이다.

경수는 그 물 속에 여러 가지 무기물이 많이 녹아 있다. 예를 들면 깊은 우물에서 길어 올린 지하수는 대개 땅 속의 무기물이 많이 녹아 있어 경수이기 쉽다. 반면에 빗물이나 빗물이 주로 흘러와 모인 호수의 물은 연수에 가깝다.

물 속에 무기물이 많으면, 비누는 옷에 묻은 때나 얼룩을 분해시키기 이전에, 무기물과 먼저 화학적으로 결합하여 찌꺼기를 만들기 때문에 비누의 기능을 잃고 만다. 그러므로 세탁물은 연수로 씻어야 때가 잘 없어진다.

얼음의 온도를 더 내려보자

— 얼음에 소금을 넣으면 왜 온도가 더 내려가나?

- 사탕 등이 담겼던 작은 통조림 통
- 냉장고에서 얼린 얼음 조각
- 온도계
- 시계
- 소금 약간
- 수돗물 약간

실험 목적

얼음이 담긴 그릇에 소금을 넣으면 그릇 안의 온도가 더 내려가는 현상을 실험으로 확인하고, 그 이유에 대해 알아보자.

그림1

 실험 방법

그림2

1. 빈 캔에 냉장고에서 꺼낸 얼음을 채운다.
2. 여기에 약간의 물을 붓는다.
3. 온도계를 꽂아두고 30초 정도 기다린 후, 온도계를 꺼내어 온도를 확인하고 기록해두자.
4. 이번에는 얼음이 든 캔에 소금을 두 스푼 넣고 온도계를 꽂은 후, 온도계를 조용히 움직이며 소금이 섞이도록 저어준다.
5. 30초 후에 온도계의 눈금을 읽어보자. 온도가 더 내려갔는가?

 실험 결과

얼음이 든 그릇에 소금을 넣으면 온도가 더 낮아진다.

 연구

아이스크림이나 아이스캔디 등의 얼음과자를 만드는 기술이 지금처럼 발전하기 전인 과거에는, 얼음이 들어 있는 통에 소금을 넣으면 온도가 더 내려가는 성질을 이용하여 얼음과자를 만들었다. 그림2는 지난 날 얼음통에서 아이스바를 만들던 구조이다. 그리고 이와 비슷한 방법으로 길거리에서 아이스크림을 만들어 팔기도 했다.

얼음에 소금이 들어가면 소금 알맹이가 물에 녹게 된다. 이때 소금이 녹으면서 주변의 물과 얼음에서 에너지를 흡수한다. 그 결과 소금을 넣지 않았을 때보다 온도가 더 내려가게 된다. 한편 소금이 녹은 물은 빙점강하 현상 때문에 영하가 되어도 얼지 않는다.

1. 얼음에 소금을 넣는 방법으로 얼음통 내부의 온도를 영하 몇 도까지 내릴 수 있는지 여러 가지로 실험해보자.

설탕을 더 빨리 물에 녹이는 방법

— 휘젓거나 온도가 높으면 왜 빨리 녹을까?

- 각설탕 4알
- 같은 크기의 유리컵 4개
- 수돗물과 따뜻한 물
- 휘저을 나무젓가락 2개

실험 목적

물에 설탕을 녹일 때, 물은 '용매'라 하고, 설탕은 '용질', 설탕물은 '용액'이라고 부르며, 용매에 용질이 녹는 현상을 '용해'라고 한다. 우리는 물에 소금이나 설탕을 녹일(용해시킬) 때 빨리 녹도록 하기 위해 젓가락 등으로 휘젓는다. 설탕은 찬물보다 더운 물에 왜 더 빨리 녹을까?

실험 방법

1. 4개의 유리컵 1, 2, 3, 4에 각설탕을 각각 1개씩 놓는다.
2. 1에는 냉수, 2에는 더운물을 같은 양 동시에 붓고, 휘젓지 않은 상태로 어느 쪽이 먼저 녹는지 시간을 재어보자.
3. 컵 3에 냉수를 같은 양 담고, 젓가락으로 휘저으며 녹는 시간을 재어보자.
4. 컵 4에는 더운 물을 담고 휘저으며 녹는 시간을 재어보자.
5. 빨리 녹는 순서를 적어보자.

실험 결과

물(용매)에 소금이나 설탕(용질)을 녹일 때 휘저으면 훨씬 빨리 녹는다. 또한 물의 온도가 높아도 녹는 속도가 빨라진다. 4번 컵처럼 더운 물에서 휘저으면 더 빨리 용해된다.

연구

설탕이 물에 녹는 현상은 설탕의 분자가 용매(물) 속에 골고루 섞이는 것이다. 물을 휘저으면 물 분자는 설탕 분자와 자주 접촉하여 설탕 분자가 빨리 물속으로 흩어지게 만든다.

또한 물 분자는 온도가 높을수록 더 빨리 운동한다. 이것은 모든 물질이 다 그렇다. 그러므로 물이 뜨거워 분자의 운동이 더 활발해지면 설탕 분자와 더 자주 만나 보다 신속히 녹일 수 있다. 설탕을 뜨거운 물에 넣고 빠르게 휘저으면 제일 먼저 녹을 것이다.

유리병 안에 눈이 내리게 해보자

— 더 이상 녹지 않으면 '포화용액'

- 붕산 (약국에서 소독약으로 판다)
- 빈 커피 병 (큰 병)
- 수돗물

실험 목적

물에 소금을 계속 넣으면서 휘저어 녹여보면, 더 이상 용해되지 않는 진한 농도가 된다. 이때를 포화상태라고 하고, 이런 용액을 포화용액이라 한다.

붕산은 약국에서 소독제로 판다. 색도 냄새도 없는 붕산은 윤기가 나는 비늘 모양의 결정체이며, 물에 녹이면 약한 산성의 소독약이 된다. 이 붕산은 설탕이나 소금과 달리 물에 조금 밖에 녹지 않는다. 다 녹지 못할 정도의 많은 붕산을 물에 넣고 녹이려 하면 어떤 현상이 일어날까?

실험 방법

1. 대형 커피 병에 붕산을 작은 차 숟가락으로 3스푼 넣는다.
2. 여기에 물을 거의 가득 차도록 붓는다.
3. 뚜껑을 돌려서 꽉 닫는다.
4. 붕산이 물에 섞여 녹도록 병을 흔든다.
5. 병을 테이블 위에 놓고 병 안의 변화를 관찰하자. 어떤 현상이 일어나는가?

실험 결과

붕산은 물에 잘 용해되지 않기 때문에 일부만 녹는다. 녹지 못한 나머지 붕산은, 물 전체에 퍼져 있다가 눈송이처럼 유리병 바닥으로 떨어져 내려 쌓인다.

연구

사람이나 물건이 더 이상 들어갈 수 없을 만큼 가득 찼을 때 사람들은 '포화상태'라고 말한다. 우리들의 일상 언어이지만 화학용어에서 나온 말이다.

붕산은 물에 조금만 넣어도 포화상태가 되어버린다. 물에 용해되는 물질은 일정한 온도에서는 일정한 양만큼만 녹을 수 있다. 그러므로 붕산을 좀 더 녹이고 싶다면 물의 온도를 높이면 된다.

1. 뜨거운 물에 소금을 녹여 포화용액을 만든 후, 그 소금물을 다른 컵에 부어 두고 온도를 내리면 어떤 현상이 일어날까? (온도가 낮으면 포화농도가 낮아지므로 녹지 못하는 나머지 소금은 다시 소금결정을 만들게 된다. 직접 실험해보자.)

무거운 것은 가벼운 것보다 먼저 가라앉는다

— 원심분리기의 원리를 실험해보자

- 뚜껑을 따낸 빈 캔
- 질긴 끈 1미터 정도
- 유리컵
- 못과 망치
- 밀가루 2스푼
- 수돗물

실험 목적

흙과 모래, 자갈 등이 섞인 흙탕물을 가만히 놓아두면 제일 밑에 자갈, 그 위에 모래, 맨 위에 가벼운 흙이 가라앉게 된다. 밀가루가 섞인 물에서 밀가루만

● **주의** - 실험 중에 줄을 놓치면 사고가 발생하므로 손가락에 줄을 한 바퀴 감아 안전하게 잡고 돌린다.

가려내려면 어떻게 하면 될까?

 실험 방법

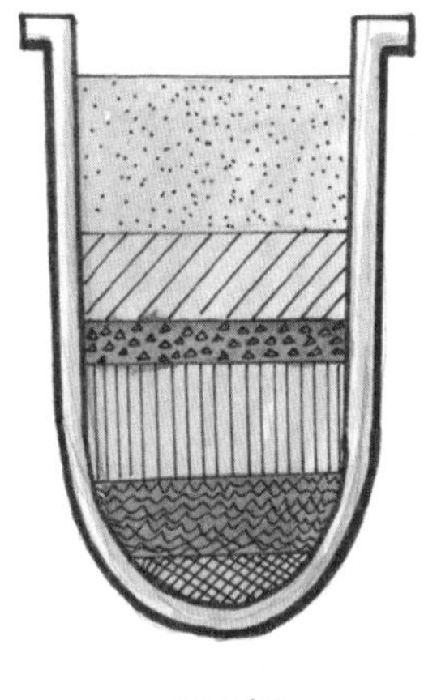
그림2

1. 캔의 입구 가장자리 양쪽에 못과 망치로 구멍을 뚫는다. 혼자 할 수 없으면 부모님에게 부탁한다.
2. 두 구멍 사이로 실을 끼워 실의 두 끝을 매어 풀어지지 않도록 한다 (그림1).
3. 캔에 밀가루 2스푼을 담고 물을 반통 쯤 부어 물과 밀가루가 섞이도록 휘젓는다.
4. 이것을 공터로 들고 가 그림처럼 끈을 잡고 머리 위로 15-20회 쯤 휘휘 돌린다.
5. 캔의 위에 있는 물을 유리컵에 조용히 따러내면 바닥에 무엇이 남았는가?

 실험 결과

물과 밀가루가 섞인 캔을 끈에 매달아 휘두르면, 밀가루는 캔의 바닥으로 몰려가고 위에는 물만 남게 된다. 그러므로 유리컵에 따러낸 물은 밀가루가 없는 맑은 색이고, 캔의 바닥에는 흰 밀가루가 남는다.

연구

밀가루가 뒤섞인 물은 가만히 놓아두어도 얼마 후에는 밀가루가 아래로 가라앉아 물과 구분이 된다. 그러나 실험과 같이 캔에 담아 휘두르면 밀가루 입자는 원심력의 작용으로 더 빨리 캔의 바닥으로 내려간다.

이와 같이 원심력을 이용하여 물질을 분리하는 방법을 '원심분리법'이라 한다. 원심분리법으로 물질을 분리하면 무거운 (비중이 큰) 순서로 각 물질이 먼저 내려가 쌓이게 된다. 그러므로 여러 가지 성분이 섞인 물질을 서로 분리할 때 이러한 원심분리 원리를 이용한다면 구성 성분을 서로 구분할 수 있다. 정밀한 실험을 하는 과학 연구실에서는 1초에 수천 번 회전할 수 있는 원심분리기를 사용하여 물질을 분리하고 있다 (그림2).

얼음이 바위를 깨뜨리는 이유를 알아보자

— 물이 얼면 부피가 늘어난다

- 뚜껑이 있는 플라스틱 반찬통
- 물
- 냉장고

실험 목적

물이 얼면 얼음이 되는데, 이때 부피가 늘어난다. 바위 틈새에 들어간 물이 얼면 부피가 불어나면서 바위도 갈라놓을 수 있다. 물이 얼음이 되면 왜 부피가 불어나고, 얼마나 팽창하는지 알아보자.

실험 방법

1. 플라스틱 반찬통에 물을 가득 담는다.
2. 뚜껑을 잘 덮는다. 이때 걸고리가 있는 것은 고리를 서로 걸지 말고 꽉 닫기만 해야 한다.
3. 이것을 냉장고의 냉동 칸에 넣어둔다.
4. 12~24시간 후에 플라스틱 반찬통이 어떻게 되었는지 조사해보자.

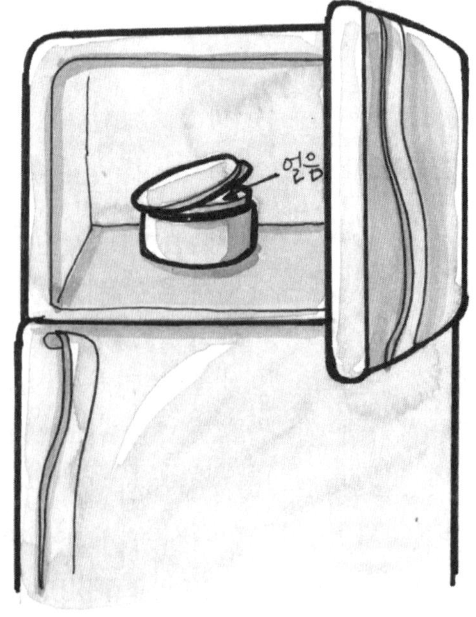

실험 결과

플라스틱 통의 물은 얼음이 되어 수북이 솟아 있고, 닫아두었던 뚜껑은 벗겨져 있다.

 **연구**

모든 물질은 온도가 내려가면 부피가 조금씩 줄어들고, 온도가 높아지면 반대로 증가한다. 그러나 물만은 섭씨 4도보다 온도가 내려가면 부피가 오히려 증가한다. 이것은 물 분자의 특성 때문인데, 얼음이 되면 물 분자 사이의 공간이 더 커져 일어나는 현상이다.

물이 얼면 그 부피가 약 10퍼센트 정도 증가한다. 그 결과 얼음은 물일 때보다 가벼워져 전부 수면에 뜨게 된다. 남북극 근처의 바다에 떠도는 빙산은 수면 위로 본래 크기의 10분의 1 정도를 내놓고 있다.

1. 얼면 부피가 늘어나는 물의 특징은 매우 다행한 일이다. 만일 겨울에 호수의 물이 얼어 바닥까지 얼음세계가 된다면 어떻게 될까? 봄이 되면 쉽게 녹을 수 있을까? 물고기들은 어떻게 살 수 있을 것인가?
2. 만일 얼음이 물보다 무거워진다면, 추운 북극이나 남극의 바다는 어떻게 변하게 될 것이며, 어떤 현상이 일어날 수 있을까 생각해보자.

녹슨 쇠는 부스러진다

— 쇠가 녹스는 것을 방지하는 방법

- 6~7센티미터 길이의 녹슬지 않은 새 못 9개
- 뚜껑이 있는 플라스틱 통 3개

실험 목적

쇠가 녹슬면 검붉은 색으로 변하고 부스러져 가루가 된다. 쇠는 왜 녹스는지, 녹을 방지하려면 어떻게 해야 할까?

실험 방법

1. 휴지 1장을 물에 적셔 플라스틱 통 바닥에 깔고 그 위에 못 3개를 올려놓은 후 뚜껑을 덮는다.
2. 플라스틱 통에 물을 담고 그 안에 못 3개를 넣는다. 못은 물에 완전히 잠겨야 한다.

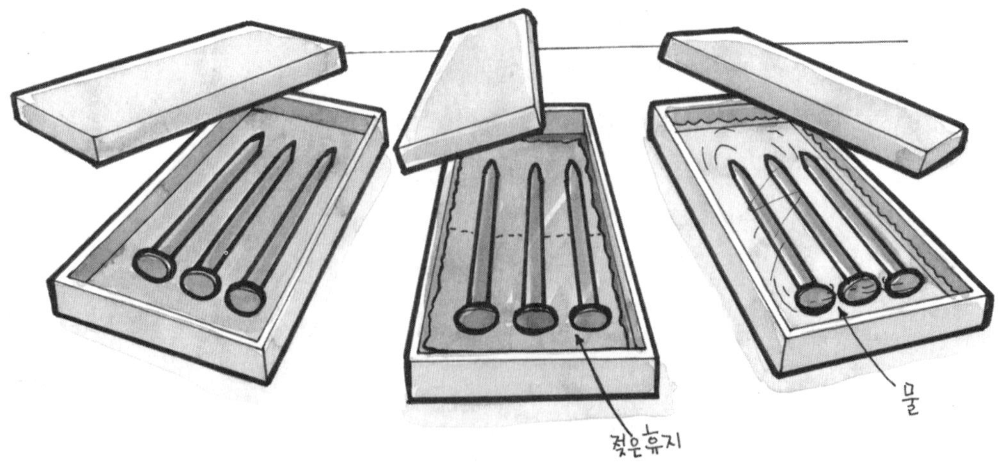

3. 나머지 못 3개는 마른 그대로 플라스틱 통에 담고 뚜껑을 덮는다.
4. 3일 후 3개의 플라스틱 통을 열어보고 못이 변한 상태를 관찰한다. 어느 통에 넣은 못이 가장 많이 녹슬었는가?

실험 결과

젖은 휴지 위에 둔 못이 제일 많이 녹슬어 있고, 그 다음은 물속에 둔 것이며, 마른 통에 놓아둔 못은 녹슬지 않았을 것이다.

연구

쇠와 산소가 결합하면 산화반응을 일으켜 산화철이 되는데, 이것이 검붉은 색의 녹이다. 이때 습기가 있으면 산화반응은 더 빨리 일어나 녹이 더 잘 생긴다. 물속에 넣어둔 못은 주변에 산소가 적기 때문에 오히려 늦게 녹슨다. 마른 통에 건조한 상태로 못을 보관하면 오래 두어도 녹이 생기지 않는다.

쇠가 녹슬면 단단한 성질이 없어지고 부스러져 가루가 된다. 녹을 방지하려면 습기가 없는 곳에 보관하거나, 주변에 기름이나 페인트를 발라 산소와 접촉되기 어렵도록 하거나, 표면에 다른 금속을 덮는 도금(코팅)하는 방법 등이 있다.

스테인리스 스틸은 녹이 슬지 않도록 철과 다른 금속을 배합한 특수한 금속이다.

산이나 강가의 암석 중에 그 표면이 적갈색인 것은 철분이 많이 포함된 것이다. 이런 암석은 오래 지나는 동안 산화반응으로 녹이 생겨 서서히 가루가 된다.

고무풍선 안의 공기 무게를 달아보자

— 우리는 공기의 무게에 짓눌려 살고 있다

- 고무풍선
- 대나무자
- 공작용 점토 조금
- 스카치테이프
- 바늘

실험 목적

공기도 무게를 가지고 있다. 그러나 너무 가벼워 측정하기가 어려워 보인다. 간단한 실험으로 공기가 무게를 가졌는지 아닌지 확인해보자.

실험 방법

1. 플라스틱 막대자에 실을 매어 그림과 같은 평형저울을 만든다.
2. 평형을 잡아주는 저울 중간의 실은 책상 위에 스카치테이프로 붙여두고, 테이프와 실이 움직이지 않게 그 위에 무거운 책을 올려놓는다.
3. 풍선에 바람을 가득 불어넣고 그것을 막대자의 오른쪽 끝에 매단다.
4. 부푼 풍선의 표면 한 부분에 스카치테이프 조각을 떼어 붙인다.
5. 막대자의 왼쪽에 점토 조각을 붙여, 점토와 풍선이 평형을 이루도록 무게중심을 잡는다.
6. 풍선 표면의 스카치테이프를 붙인 자리에 바늘을 찔러 바람이 서서히 빠져나오도록 한다. 이때 풍선을 바늘로 단번에 펑 터뜨리면 폭발의 충격이 커서 평형을 확인할 수 없게 된다.
7. 바람이 빠진 후 평형저울의 균형이 어떻게 변했는가?

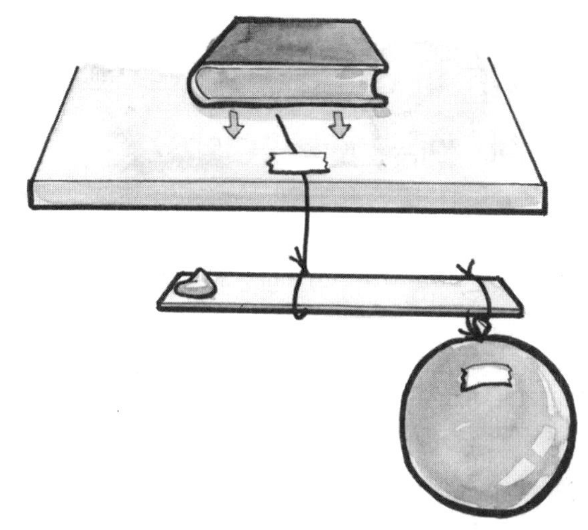

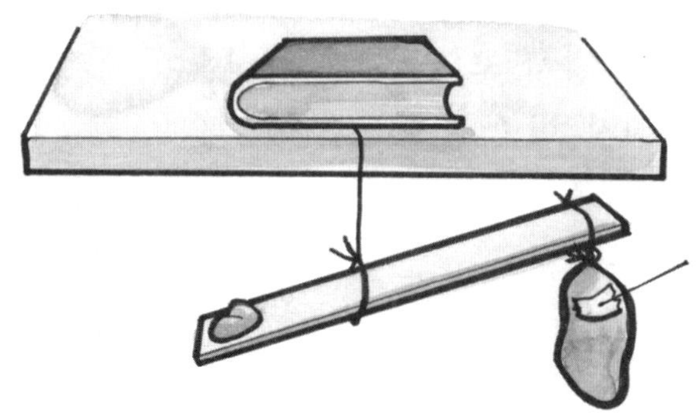

실험 결과

풍선의 공기가 바늘구멍으로 빠져나가면 점토를 붙인 쪽이 점점 내려간다. 이것은 공기의 무게가 없어진 결과이다.

연구

지구는 온통 공기로 둘러싸여 있다. 우리를 누르고 있는 공기의 무게는 얼마나 될까? 바다 수면에서 측정한다면, 사방 1센티미터(1제곱센티미터) 면적에 약 1킬로그램의 공기가 누르고 있다. 다시 말해 가로 세로 10센티미터의 면적이라면, 거인의 체중에 해당하는 100킬로그램의 공기가 압박하고 있는 것이다. 그래도 우리는 그것을 전혀 느끼지 못한다.

이슬이 맺히는 온도를 측정해보자

— 이슬이 생기는 원인은 무엇일까?

- 유리컵
- 얼음
- 온도계
- 물

실험 목적

컵에 얼음물을 담아두면 잠시 후 컵 주변에 이슬이 생겨 흘러내린다. 나뭇잎의 이슬은 대개 기온이 떨어진 밤중에 형성된다. 이슬은 왜 생기며, 이슬이 맺히는 온도는 몇 도인지 확인해보자.

실험 방법

1. 물기가 없는 유리컵에 얼음을 담는다.

2. 바로 컵에 물을 부어 충분히 채운다.
3. 온도계를 컵 안에 꽂는다.
4. 유리컵 표면을 관찰하고 있다가, 이슬이 생겨나기 시작하면 얼른 온도계를 꺼내어 그때의 온도를 확인해보자.

 실험 결과

유리컵 표면에 이슬이 생기는 온도는 그때의 습도에 따라 달라진다. 즉 공기 중의 습도가 높으면 높은 온도에서 이슬이 생기고, 습도가 낮으면 보다 낮은 온도에서 이슬이 형성된다.

 연구

실험에서 냉수를 담은 컵의 표면은 매우 온도가 차므로 수증기는 그 표면에서 서로 응축하여 물방울이 된다. 새벽에 풀잎에 이슬이 많이 생겨 있다면, 밤사이에 기온이 내려간 것으로 볼 수 있다.

공기 중에 수증기의 양이 너무 많으면 (포화상태 이상이면) 서로 결합하여 물방울이 된다. 이것을 응축이라 하는데, 기온이 낮을수록 응축현상이 잘 일어난다. 응축이 시작되는 온도를 '이슬점'이라 하며, 이슬점은 공기 중의 습도가 높고 낮음에 따라 다르므로, 이슬점의 온도는 습도와 함께 조사해보면 좋겠다.

1. 비 오는 날은 습도가 매우 높아, 달리는 자동차의 유리창에 이슬이 잘 맺힌다. 이럴 때 차안의 에어컨을 켜면 유리창의 이슬이 사라진다. 그 이유를 생각해보자.

88 좋은 쌍안경을 선별하는 요령

— 별이 선명하게 보여야 좋은 쌍안경

현미경과 망원경은 작은 물체를 확대해보는 광학장치이다. 망원경 종류 중에, 2개의 대물렌즈와 접안렌즈를 붙여 두 눈으로 한 곳을 보도록 만든 것이 쌍안경이다. 작은 쌍안경은 공연장, 운동경기장, 여행길 등에서 편리하게 쓰인다. 쌍안경 중에 구경이 큰 것은 군사용으로나 천체관측용으로 중요하다.

좋은 쌍안경은 먼 거리에 있는 물체가 선명하게 보여야 하고, 두 눈으로 보는 것이 하나의 초점으로 맞아야 한다. 만일 왼쪽 눈으로 보는 상과 오른쪽 눈으로 보는 상이 하나로 되지 않고 약간이라도 틀어져 2중으로 보인다면 잘 못 만들어진 것이다.

그러므로 쌍안경이나 천체망원경을 구입할 때는, 낮에 사는 것보다 별이 잘 보이는 밤 시간에 찾아가, 하늘의 별을 직접 관측해보고 판별해야 한다. 밝은 별 하나를 보았을 때, 그것이 되도록 작은 점으로, 또 2중으로 보이지 않고 한 개의 별로 보이는 것을 고른다. 만일 핀트를 맞추어도 별빛이 안개처럼 부풀어 보이거나, 2중상이 되어 보인다면 불량품이다.

우주, 지구, 기상

89 별똥별(유성)을 관찰해보자

— 별똥별과 운석은 무엇이 다른가?

- 별이 잘 보이는 맑은 밤
- 콩알 한 주먹
- 접시
- 시계

관찰 목적

밤하늘을 보고 있으면 불꽃을 그으며 지나가는 별똥별을 수시로 보게 된다. 별똥별을 다른 말로 유성(流星)이라 부르는데, 이것은 '흐르는 별'이란 뜻이다. 일반

적으로 유성은 모래알 정도로 매우 작아 땅에 떨어지기 전에 다 타버리고 먼지가 된다. 그러나 간혹 큰 것이 있어 공기층에서 다 타지 못하고 땅에 떨어지는 것이 드물게 있다. 이렇게 지상에 떨어진 큰 유성을 운석(별똥)이라 부른다. 운석은 지구 전체에서 1년에 평균 18개 정도 발견되는데, 그 중에는 최근에 낙하한 것도 있지만 수천 년 전에 떨어진 것도 있다.

날씨가 맑은 날, 하늘을 끈기 있게 관찰하면 몇 개의 유성을 관찰할 수 있다. 그런데 어떤 날은 매우 많은 유성을 볼 수 있다. 이런 경우 유성이 비처럼 내린다 하여 '유성우'라고 말한다. 유성우를 볼 수 있는 날은 우주 먼지가 많이 흩어져 있는 공간 속으로 지구가 지나가기 때문이다.

유성이 특히 많이 쏟아지는 날이 1년에 몇 차례 있는데, 그날은 언제나 일정하다. 도표를 보면 유성이 특히 많이 쏟아지는 때와, 유성이 오는 위치를 별자리로 표시했다. 날씨가 좋은 날 밤, 얼마나 많은 유성이 떨어지는지 관찰해보자. 유성을 많이 볼 수 있는 날은 신문이나 방송에서 뉴스로 알려주기도 한다.

잘 알려진 유성우

관측일	유성우 이름
1월 3일	사분의자리 유성우
4월 21일	거문고자리 유성우
8월 12일	페르세우스자리 유성우
10월 10일	용자리 유성우
10월 21일	오리온자리 유성우
11월 4일	황소자리 유성우
11월 14일	안드로메다자리 유성우

관찰 방법

1. 따뜻한 옷과 모포 및 베게를 준비한다.
2. 하늘이 잘 보이는 곳에서 모포를 깔고 누워 시계를 확인한 뒤 관찰을 시작한다.

3. 1개의 유성을 볼 때마다 콩알 하나를 접시에 담는다.
4. 1시간 또는 얼마큼의 시간이 지난 뒤 몇 개의 콩알이 접시에 담겼는지 헤아려보자. 1시간에 평균 몇 개의 유성을 보았는가?

관찰 결과

매년 11월 4일이면 황소자리에서 많은 유성이 떨어진다. 이 유성은 과거에 '엔케 혜성'에서 떨어져 나온 입자들이 흩어진 것들이라고 생각하고 있다. 도표에 소개한 7가지 유성우는 특히 유명하다. 예보된 날을 기다려 관찰하면 많은 유성을 볼 수 있다.

연구

우주공간에 왜 유성이 생겨나 떠돌게 되었는지 그 이유는 확실하지 않지만, 혜성의 부스러기, 소행성에 떨어져 나온 조각, 달이나 화성 표면에 큰 운석이 떨어질 때 튀어나온 입자 등일 것이라고 생각하고 있다. 유성 관측을 할 때 별자리 지도(성도)를 준비했다가, 유성이 흘러간 방향을 성도에 몇 차례 그려보아 선의 끝을 따라가면, 어느 별자리의 유성인지 알 수 있다.

토성의 테를 만들어보는 실험

— 토성의 테는 둘레를 도는 얼음과 암석의 띠

- 가위
- 자
- 흰색의 두터운 도화지 (포스터 보드)
- 풀
- 검정 사인펜
- 지우개가 달린 연필
- 바늘 핀

실험의 목적

토성의 특징은 그 둘레에 둥근모자의 챙처럼 하얀 띠를 두르고 있다는 것이다. 이 테는 작은 천체망원경으로 보아도 잘 보인다. 지난 2004년에는 미국 항공우주국(나사)이 보낸 '카시니'라는 우주탐험선이 토성까지 약 7년간 비행하여 그 표면과 테를 자세히 관측하기도 했다. 토성의 둘레에 무엇이 있기에 사진의 테처럼 보이는지 그 이유를 실험으로 확인해보자.

실험 방법

1. 흰색의 포스터 보드(두터운 도화지)를 이용하여 폭 3.5센티미터, 길이 15센티미터의 긴 직사각형 종이 3개를 잘라낸다.
2. 이 3개의 종이를 중간에서 서로 만나게 하여 6각 별 모양이 되게 하고, 접촉면에 풀을 발라 그림처럼 6개의 날개를 가진 회전날개를 만든다.
3. 각 회전 날개의 끝에서 1센티미터 떨어진 곳에 검은 사인펜을 이용하여 폭 2센티미터의 검은색 밴드를 그린다. 다시 그 안쪽으로 1센티미터 띄우고 또 하나의 폭 2센티미터의 검은 밴드를 그린다.

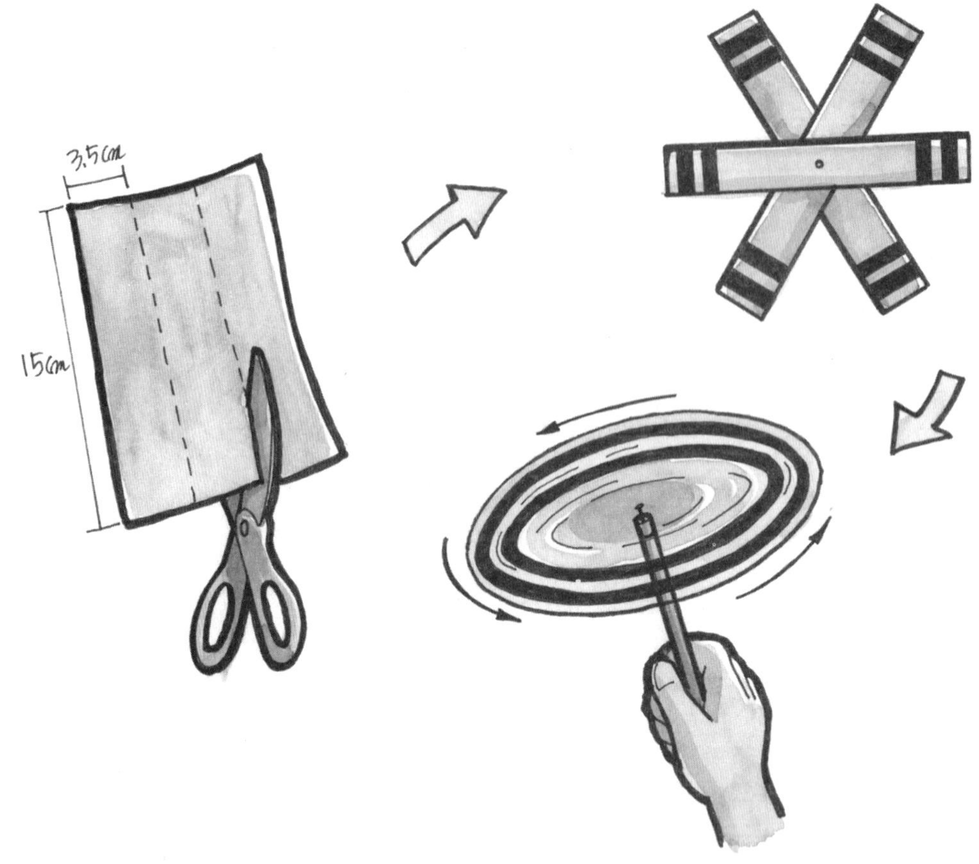

4. 회전날개의 중심에 바늘 핀을 끼우고, 이것을 연필의 지우개에 수직으로 꽂는다.
5. 연필 또는 회전판을 빙글 돌려보자. 회전날개의 모양이 어떻게 변했는가?

실험 결과

회전날개를 빙글빙글 돌리면, 날개 끝에 그려놓은 검은색 선들이 2개의 검은 테처럼 보이게 된다. 이것은 마치 토성의 테를 보는 것과 비슷하다. 토성의 테에는 중간쯤에 약간 검은색의 띠가 보인다. 과학자들은 이 검은 띠를 카시니선이라 한다. '카시니'는 검은 선을 처음으로 관측하여 보고했던 과학자의 이름이다. 검은 부분은 얼음과 바위가 없기 때문에 생긴 간격이다.

토성탐험선 '카시니'호와 토성의 테

 연구

토성을 지상에서 천체망원경으로만 관찰 할 수 있었던 과거에는 토성 둘레에 큰 테가 하나만 있는 것으로 알았다. 그러나 대형 인공위성(스페이스셔틀) 안에 설치한 우주천문대의 망원경으로 관찰하고, 토성탐험선이 토성에 접근하여 사진을 찍게 되면서, 토성의 테가 여러 겹이란 것을 알게 되었다.

토성의 둘레에는 얼음과 바위로 된 물체들이 수십억 년 전 토성이 탄생할 때부터 생겨나 그 주변을 돌고 있다. 이들 물체들은 하나하나 떨어진 것이지만 회전하고 있기 때문에 지구에서 볼 때는 '잔상현상'에 의해 연속된 테처럼 보이는 것이다.

* 잔상형상이란 눈으로 무엇을 보았을 때, 그것을 치우더라도 약 10분의 1초 동안 그 모습이 그대로 남아있는 것을 말한다. 영화 필름은 이 잔상현상을 이용하여 만든 것이다.

금성의 표면은 왜 관측할 수 없나?

— 금성 표면은 가스로 가득하다

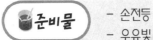

- 손전등
- 우유빛 유리나 종이 (유산지)

실험 목적

금성은 어떤 때는 새벽에 동쪽 하늘에서, 어떤 때는 저녁에 서쪽 하늘에서 가장 밝게 보이는 천체이다. 맨눈으로 볼 때는 매우 밝은 점이지만, 망원경으로 관찰하면 초미니 초승달 모양으로 보인다. 금성은 태양 주위를 도는 9개의 행성 중에서, 수성과 지구 사이에서 태양 주위를 돌고 있다. 금성은 달 다음으로 지구와 가까운 거리에 있는 천체이다.

과학실이나 '별의 집' 또는 천문대의 천체망원경으로 달이나 목성 등을 보면 그 표면이 잘 관찰되지만, 금성은 아무리 좋은 망원경으로 보아도 표면이 어떻게 생

겼는지 알 수 없다. 그 이유를 실험으로 알아보자.

실험 방법

1. 손전등을 켜서 책상 끝에 놓는다.
2. 손전등 불빛에서 2미터 정도 떨어진 곳에 서서 손전등 불빛을 보자. 손전등의 전구와 내부의 반사경이 선명하게 보인다.
3. 우윳빛 유리나 유산지로 눈앞을 막고 손전등 불빛을 보자. 손전등의 밝은 내부가 잘 보이는가?

실험 결과

우윳빛 유리로 가린 손전등의 전구 내부는 환하기는 하지만 내부 모습은 흐려져 보이지 않는다.

연구

우윳빛 유리창을 통해서는 바깥 경치가 보이지 않는다. 이것은 거친 표면에 비친 빛이 사방으로 흩어지기(산란되기) 때문이다. 금성의 표면은 매우 두터운 가스의 구름 (이산화탄소와 수증기)으로 온통 덮여 있기 때문에 빛을 사방으로 산란시킨다. 과학자들의 연구와 관측에 따르면, 금성의 표면에서는 1킬로미터 이상 떨어진 물체는 보이지 않는다고 한다. 즉 금성 표면의 시거리(視距離)는 1킬로미터 이하인 것이다. 만일 지구상에서 시거리가 이 정도라면, 모든 비행장이 활주로가 보이지 않아 비행기의 이착륙을 금지해야 할 것이다.

92 금성의 표면 온도는 왜 높을까?

— 금성의 온도는 온실효과로 섭씨 400도 이상

- 온도계 2개
- 온도계가 들어가는 대형 플라스틱 생수병 2개
- 햇빛 비치는 장소

실험 목적

지구상의 공기 중에 탄산가스의 양이 차츰 많아진 결과 '온실효과'가 나타나, 지구의 기온이 점점 오르는 현상을 사람들은 염려하고 있다. 금성의 표면은 온통 짙은 구름이 뒤덮고 있어, 역시 혼실효과로 기온이 섭씨 400도가 넘도록 덥다고

한다. 기온이 오르는 온실효과를 실험으로 확인해보자.

실험 방법

1. 1개의 온도계를 플라스틱 병 안에 담고 마개를 한 뒤 햇빛이 비치는 책상 위에 놓아둔다.
2. 다른 온도계 하나는 그 옆에 나란히 놓아둔다.
3. 30분 후 두 온도계의 눈금을 읽어보자. 어느 쪽이 얼마나 온도가 높은가? 온도가 높아진 원인은 무엇일까?

실험 결과

플라스틱 생수병 안은 마치 밀폐된 온실처럼 태양에너지가 외부로 나가지 않고 축적되어 온도가 훨씬 높아진다.

연구

생수병 안의 공기는 마치 금성 표면을 덮은 구름처럼 태양의 에너지가 외부로 빠져 나가는 것을 억제한다. 그 결과 금성 표면은 기온이 섭씨 400~500도 가까이 뜨거워져 있다. 이런 곳에는 생물이 살 수 없다.

지구를 뒤덮고 있는 공기는 21%가 산소, 탄산가스는 0.04%, 그리고 나머지 거의 전부는 질소이다. 탄산가스는 양은 적지만 태양열을 잘 흡수하는 기체이므로, 이것의 양이 증가하면 온실효과를 일으켜, 지구의 기온을 조금씩 높게 만드는 원인이 된다.

수많은 공장, 발전소, 자동차 등에서는 탄산가스가 대량 발생되고 있다. 한편 산소를 내는 지구상의 숲과 바다의 식물은 대규모 개발과 해양 오염으로 인해 점점 줄어들고 있다. 그 결과 지구의 기온은 차츰 상승하고, 남극과 북극의 빙산이 녹아 바다의 수면이 조금씩 높아지고 있다. 과거에 볼 수 없었던 여러 가지 이상기후 현상이 발생하는 것도 이런 기온변화 때문이라고 과학자들은 주장하고 있다.

목성에서는 왜 번개가 심하게 치고 있나?

— 목성의 구름에는 전기가 대량 생긴다

- 겨울철에 목에 두르는 머플러나 털실 스웨터, 또는 털 담요
- 플라스틱 막대 자, 또는 두툼한 플라스틱판을 폭 5센티미터, 길이 20센티미터 정도로 자른 것
- 어두운 방

실험 목적

지구상에서는 구름이 전기를 띄게 되어 번개가 친다. 목성의 표면도 여러 가지 기체의 구름으로 덮여 있으며, 그 구름은 거대한 태풍이 되어 매우 빠른 속도로 이동하면서 전기를 만든다. 구름은 왜 전기를 띄게 될까?

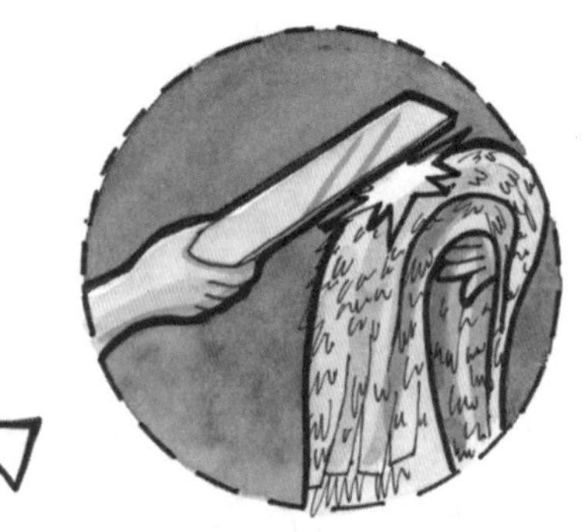

 실험 방법

1. 어두운 방에 머플러(또는 털스웨터)와 플라스틱 막대 자를 들고 들어가, 어둠에 눈이 익숙해지도록 약 5분쯤 기다린다.
2. 머플러를 접어 포갠 사이에 막대 자를 끼우고 빠르게 5, 6차례 쓱쓱 문지르다가 빼내어 머플러에 가까이 가져가보자. 어떤 현상이 일어나는가? 몇 차례 실험해 보면서 전기 스파크(방전)가 발생하는 원인이 무엇인지 생각해보자.

 실험 결과

머플러나 스웨터에 문지른 플라스틱을 스웨터에 가까이 대면 번쩍! 하고 방전이 일어난다.

 연구

전기란 전자의 움직임이다. 전자는 원자의 핵 주변을 도는 무게조차 거의 없도록 작은 입자이다. 머플러와 플라스틱을 서로 부비면 (심하게 마찰시키면) 머플러에서 나온 많은 양의 전자가(음전기) 플라스틱으로 이동한다. 이런 플라스틱을 머플러에 다시 가까이 가져가면 플라스틱의 음전기가 양전기를 띈 머플러로 한꺼번에 이동하면서 불빛을 내며 전기방전을 일으킨다.

대기 중에서 공기 속의 물방울은 강한 기류를 따라 빠르게 이동하면서 공기와 마찰하여 전자를 가득 가지게 된다. 여름철 하늘의 거대한 흰 구름(뇌운)은 많은 정전기를 가지고 있다.

목성은 그 둘레를 도는 16개의 달별들 중에서 4개가 뚜렷이 보이기 때문에 즐거운 관측대상이 된다. 성능이 좋은 천체망원경으로 보면, 목성 표면에서는 큰 소용돌이 모양을 관찰할 수 있다. 이것은 목성의 구름이 큰 태풍을 일으키고 있는 현상이며, 이런 곳에서는 구름이 시속 1천300킬로미터라는 엄청난 속도로 밀려가면서 서로 마찰한다. 그 결과 목성의 구름에서는 강한 정전기가 발생하여 끊임없이 번개가 치도록 만든다.

목성의 하늘은 지구와 달리 메탄가스와 암모니아가스의 구름으로 덮여 있다.

* **전기와 정전기** : 전선 속을 흐르는 전기와 달리, 마찰하여 생긴 전기는 이동하지 않고 축적되어 있어 '정전기'라 한다. 많은 양의 정전기가 한순간 이동하게 되면, 그 주변의 공기 온도가 빛을 낼만큼 뜨거워져 섬광과 큰 소리를 만든다.

은하수는 왜 뿌옇게 보이나?

— 은하수는 너무 많은 별이 몰려 있는 곳

- 구멍을 뚫는 펀치
- 검정색 종이
- 흰 종이
- 접착테이프와 풀

실험 목적

달빛이 없는 날 밤, 시골마을이나 산속에서는 도시에서 볼 수 없던 은하수를 관찰할 수 있다. 그러나 처음 은하수를 보는 사람은 무엇이 은하수인지 알지 못한다. 은하수를 볼 수 있는 곳에서는 다른 별들도 많이 보인다. 밤하늘에서 특히 많은 별이 보이면서 그 배경이 희뿌옇게 보인다면 그 부분이 은하수이다. 너무

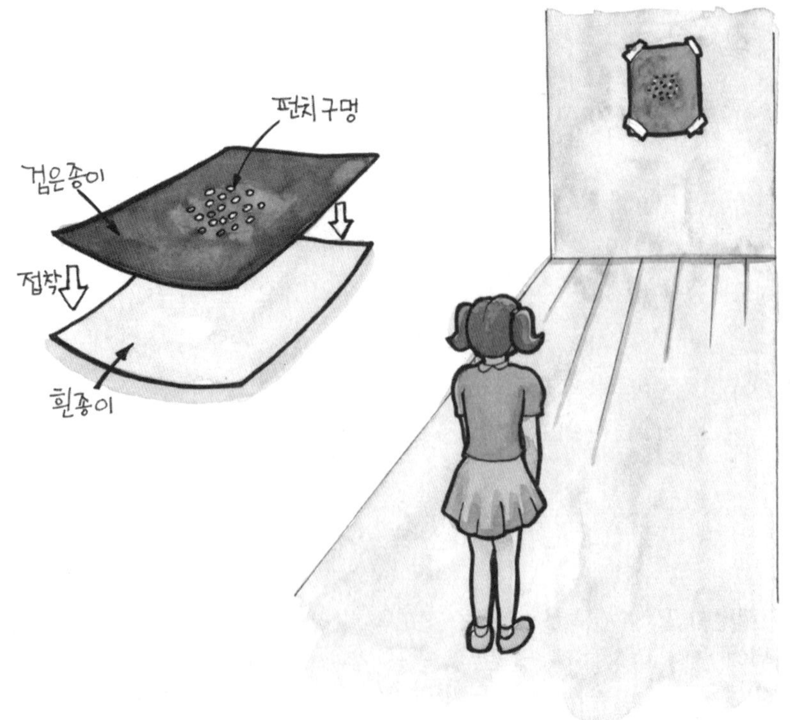

많은 별이 몰려 있으면 왜 하늘이 뿌옇게 보이나 실험으로 알아보자.

실험 방법

1. 구멍 뚫는 펀치를 이용하여 검은 종이 중앙부에 20개 이상의 동그라미 구멍을 따낸다. 이때 구멍과 구멍 사이의 거리가 0.5~1센티미터 정도 되도록 한다.
2. 구멍이 뚫린 검은 종이를 흰 종이 위에 겹쳐 풀로 붙인다. 이렇게 하면, 마치 검은 종이에 흰색 구멍이 있는 것처럼 보일 것이다.
3. 준비한 검은 종이를 벽에 붙여두고 점점 뒤로 가면서 관찰하자. 거리가 멀어짐에 따라 흰 구멍들이 하나하나 구분되지 않고 분명치 않은 희미한 모습으로 되지 않았나?

실험 결과

검은 종이의 흰 구멍을 가까이서 보면, 마치 밝은 별처럼 잘 구분되어 보인다. 그러나 종이로부터 멀어지면 흰 구멍들은 뚜렷하던 윤곽이 점점 희미해지고 뿌연 상태로 된다.

연구

멀리 있는 수많은 별이 마치 묽은 우유를 쏟아놓은 것처럼, 또는 안개가 엷게 덮인 것처럼 희뿌옇게 보이는 것은 그곳에 너무 많은 별들이 멀리 있기 때문이다. 서양에서는 은하수 부분이 마치 우유를 쏟아놓은 것 같다고 하여 '밀키 웨이'(우유빛 길)라 불렀다. 그러나 동양에서는 은빛의 강물이 흐르는 것처럼 보였기 때문에 은하수(銀河水)라는 아름다운 이름을 붙였다.

은하수가 이처럼 '은빛의 강' 또는 '우유의 길'처럼 보이는 것은 그 방향으로 수백억 개의 별들이 몰려 있기 때문이다.

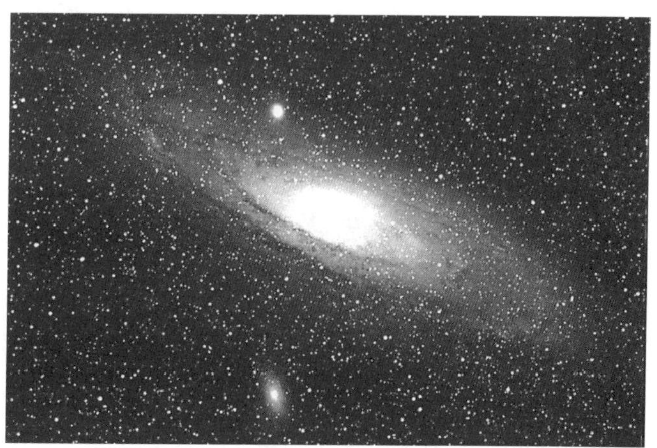

1. 안드로메다 은하계의 사진(오른쪽)을 보면서 우리의 태양이 속해 있는 '우리 은하계'의 모습을 상상해보자.

95 변광성은 왜 밝기가 변하는지 실험으로 알아보자

— 우주에는 많은 변광성이 있다

- 둥글게 부푸는 커다란 고무풍선

실험 목적

하늘의 수많은 별 중에는 주기적으로 그 밝기가 변하는 것이 있다. 만일 태양의 밝기가 주기적으로 변한다면 지구상의 생물들은 변하는 온도에 적응하지 못해 모두 죽고 말 것이다. 왜 변광성은 그 밝기가 변하는지 실험으로 알아보자.

실험 방법

1. 고무풍선에 바람을 조금 불어넣어 작은 풍선을 만들고, 그 입구를 손가락으로 막는다.

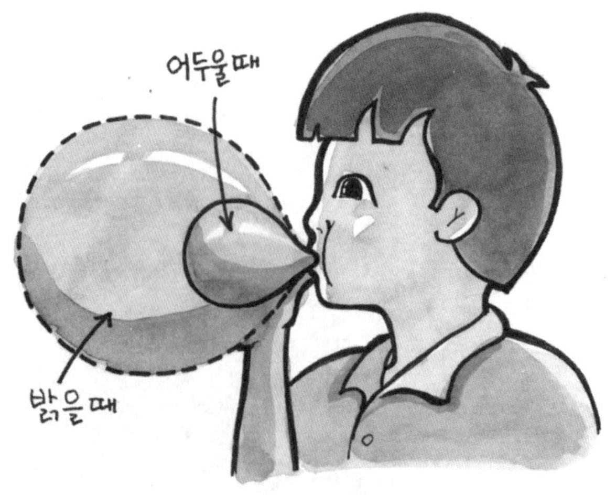

2. 다시 이 풍선에 바람을 더 불어넣어 큰 풍선을 만든다.
3. 이번에는 바람을 빼내어 먼저처럼 작은 풍선으로 만든다.
4. 작은 풍선과 커다란 풍선을 조금 멀리 떨어진 곳에서 바라보면, 어느 풍선이 더 밝게 보일까?

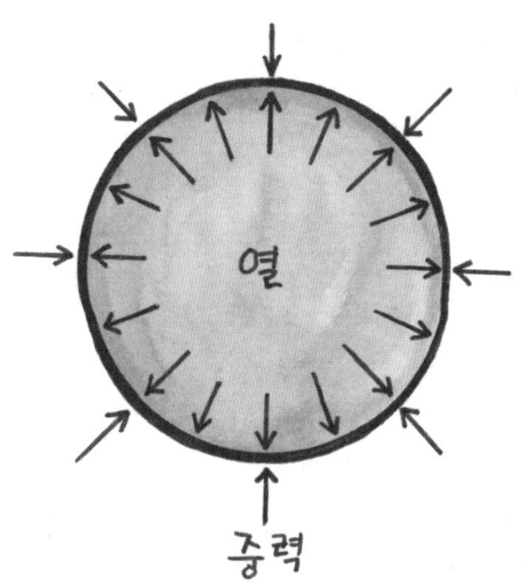

실험 결과

작은 풍선보다 큰 풍선이 더 환하게 보인다. 바람을 많이 불어넣어 내부 압력이 높아진 풍선은 커지면서 밝게 보이고, 반대로 압력이 줄어들어 작아진 풍선은 어둡게 보인다.

연구

우주여행을 다룬 공상과학영화를 보면 변광성이란 말이 가끔 나온다. 과학관의 천체실에도 변광성 모형이 있다. 별 중에는 내부의 압력이 변함에 따라 마치 풍선처럼 그 크기가 일정한 주기로 부풀었다 줄었다 하는 것이 있다. 이런 변광성을 '세페우스성 변광성'이라 부른다. 이런 별은 온도가 높아지면 팽창하여 별빛이 밝은 노랑색으로 변하고, 줄어들면 어두워지면서 주황색으로 보인다.

수많은 별 중에는 두 개의 별이 서로 짝을 이루어 춤추듯이 빙빙 도는 것이 있다. 이런 별이 옆으로 나란히 위치하면 밝게 보이고, 한 별이 다른 별 뒤로 들어가면 어둡게 보인다.

1. 왜 별의 내부가 팽창하고 줄고 하는 변화가 생길까?

96 혜성에는 왜 꼬리가 생길까?

— 태양에서 멀리 있는 혜성은 꼬리가 없다

- 공작용 찰흙
- 자와 가위
- 실
- 연필
- 선풍기

실험 목적

혜성을 직접 보거나 혜성을 촬영한 사진을 살펴보면, 바람에 날리는 먼지와 같은 긴 꼬리가 있는 것을 알게 된다. 혜성에 꼬리가 생긴 이유는 혜성에서 떨어져 나온 알맹이들이 날려서 뒤로 흩어지고 있는 것이다. 혜성의 꼬리는 태양의 반대방향에 생긴다. 무엇이 혜성의 입자들을 태양 반대편으로 날려가게 했을까?

실험 방법

1. 찰흙을 복숭아 크기 정도로 뭉친다.
2. 길이 15센티미터 정도의 실을 4개 준비한다.
3. 연필 끝을 이용하여, 4가닥의 실 한쪽 끝을 찰흙 속에 파묻는다.
4. 파묻은 자리를 잘 다져 실이 쉽게 빠져나오지 않게 한다.

5. 찰흙 덩어리 아래에 연필을 꽂아 손잡이로 한다.
6. 이것을 선풍기 앞에 가져가보자. 실은 어느 쪽으로 어떤 모습으로 날리는가?

실험 결과

찰흙에 달린 실은 선풍기 바람에 날려 선풍기와 반대방향으로 휘날리게 된다.

연구

혜성은 태양의 둘레를 긴 타원형 궤도로 돌고 있는 천체며, 혜성은 수년 내지 수십 년을 주기로 태양을 찾아오므로 태양계의 한 가족이다. 혜성은 일정한 타원 궤도를 따라 태양에 접근한 뒤에는 다시 자기 궤도를 따라 먼 길을 떠난다.

혜성이 태양에서 멀리 떨어진 위치에 있을 때는 꼬리가 없다. 그러나 태양에 접근하면서 차츰 꼬리가 생겨나고, 태양과 가까워지면 꼬리가 크고 길어진다.

태양에서는 빛과 함께 양성자와 전자가 사방으로 흩어져 날아간다. 이것을 '태양풍'이라 부른다. 지구 가까이 온 태양풍의 세기(풍속)는 초속 약 350킬로미터라고 알려져 있다. 이 태양풍의 영향으로 혜성의 몸체 ('핵'이라 부름)에서는 많은 부스러기들이 떨어져 나와 휘날리면서 꼬리가 된다. 태양에 접근할수록 꼬리가 길어지는 것은 가까이 갈수록 태양풍의 속도가 더 강하기 때문이다. 태양풍은 북극 하늘에 오로라를 만드는 원인이 되기도 한다.

과학자들은 먼 훗날 우주여행을 할 때 큰 돛을 단 우주선을 타고 태양풍을 이용하면 범선처럼 달릴 수 있다고 한다.

지구는 태양 주위를 늘 같은 길로 도는가?

— 태양과 지구 사이의 거리는 변하지 않는다

- 직경 25센티미터 정도의 동그란 접시
- 연필
- 백지 한 장
- 마분지(카드보드)
- 가위, 자
- 질긴 실
- 4개의 종이 클립

실험 목적

지구는 탄생한 후 태양의 둘레를 변함없이 돌고 있다. 태양으로부터 멀리 나가거나, 가까이 이동한 일도 없고, 회전방향이 마구 흔들리거나 속도가 달라진 경우도 없었다. 지구가 요동하지 않고 움직이는 이유를 실험으로 알아보자.

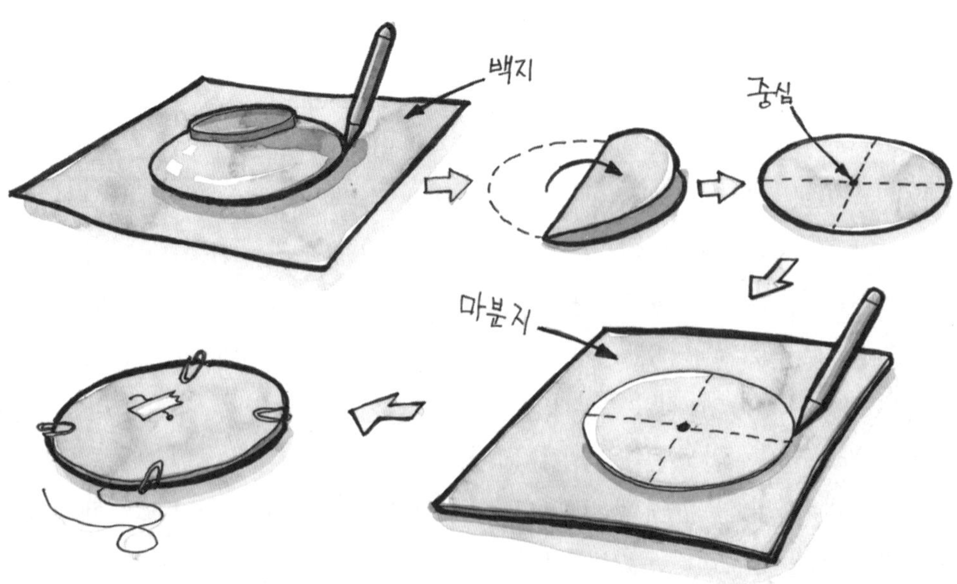

 실험 방법

1. 백지를 테이블 바닥에 놓고 종이 중앙에 동그란 접시를 엎어 접시 가장자리를 따라가며 연필로 선을 그린다.
2. 연필선을 따라 가위질하여 원형의 종이를 따낸다.
3. 원형의 종이를 가장자리가 일치하도록 두 번 접으면 원의 중심을 알 수 있다. 이 원의 중심에 연필로 표시를 한다.
4. 접었던 종이를 다시 펴서 카드보드 위에 얹고, 둥근 종이의 가장자리를 따라 다시 원을 그린다. 종이 중심에 바늘을 찔러 카드보드에도 중심 위치를 표시한다.
5. 종이를 치우고, 이번에는 카드보드에 그려진 선을 따라 가위로 원을 잘라내면 원반이 된다.
6. 원반의 중심에 길이 1미터 정도의 실을 끼우고, 구멍 밖으로 빼낸 실 끝은

매듭을 만들어 실이 빠져나오지 않도록 한다.

7. 원반의 가장자리 4방에 종이 클립을 그림처럼 끼운다.
8. 이 원반의 실 끝을 손으로 머리 높이 들고 흔들어보자. 원반이 앞뒤좌우로 마구 흔들리지 않는가?
9. 실에 매달린 원반을 손으로 빙 돌려 보자. 원반이 회전해도 앞뒤좌우로 흔들거리는가, 아니면 수평을 유지하며 팽이처럼 도는가?

실험 결과

원반을 실에 매달고 들고 있으면 원반은 앞뒤좌우로 불규칙하게 흔들거린다. 그러나 원반을 손으로 돌려주면 앞뒤좌우나 상하로 펄럭거리지 않고 반반한 자세로 돌아간다.

연구

실에 매달린 둥근 카드보드가 빙글빙글 돌아가면 그때부터 접시의 평면은 언제나 같은 자세를 유지한다. 이것은 마치 돌고 있는 팽이와도 같다. 지구와 다른 행성 (수성, 금성, 토성 등)은 축을 중심으로 팽이처럼 돌고 있기 때문에 그의 공전궤도는 흔들거리지도, 멀어지거나 가까워지지 않고 늘 일정한 자세로 태양 둘레를 돌 수 있다.

선박이나 비행기에서는 중요한 항해도구로 '자이로스코프'라는 것을 사용한다. 회전하도록 만든 자이로스코프는 배가 상하좌우 어디로 움직여도 항상 같은 방향으로만 회전한다. 그러므로 항해 중에 바람이나 파도에 밀려 선수의 방향이 틀려지더라도, 자이로스코프의 회전축이 가르치는 회전방향을 기준하여 선수의 방향을 조정하면 배는 올바른 방향으로 향하게 되는 것이다.

오늘날에는 자이로스코프와 전자장치를 결합시켜 파일럿이 지켜보지 않아도 자동으로 정확한 방향을 유지하며 항진하도록 만들고 있다. 이것이 자동항법장치의 원리이다. 이 원리는 스스로 목적지를 찾아가는 무인비행기, 미사일, 우주선 등에 이용되고 있다. 과학상점 중에 자이로스코프를 파는 곳이 있다. 학교실험실에 이것이 있다면 그것의 구조와 원리를 잘 알아두자.

달의 모습은 왜 밤마다 다른가

— 초승달, 상현달, 보름달, 그믐달이 되는 원인

- 매일 밤 9시경 (1달 동안)
- 연필과 노트
- 쌍안경 (없어도 좋음)

관찰 목적

달은 지구의 둘레를 돌고 있다. 달은 매일 밤 모습이 변하고 다른 하늘 위치에서 보인다. 눈썹 같은 초승달은 해가 진 뒤 서편에서 볼 수 있다. 다음날부터 이 달은 점점 반월(상현달)이 되고, 불룩한 달이 되었다가 접시 같은 보름달이 된다.

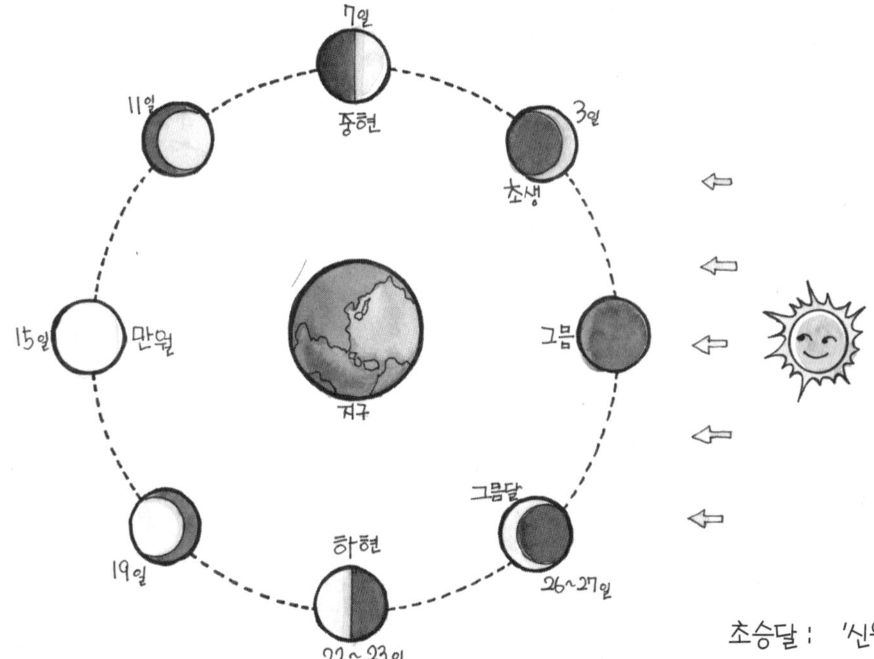

그림1

초승달 : '신월' 이라고도 말한다.
상현달 : 음력 7, 8일경의 달
하현달 : 음력 22, 23일경의 달

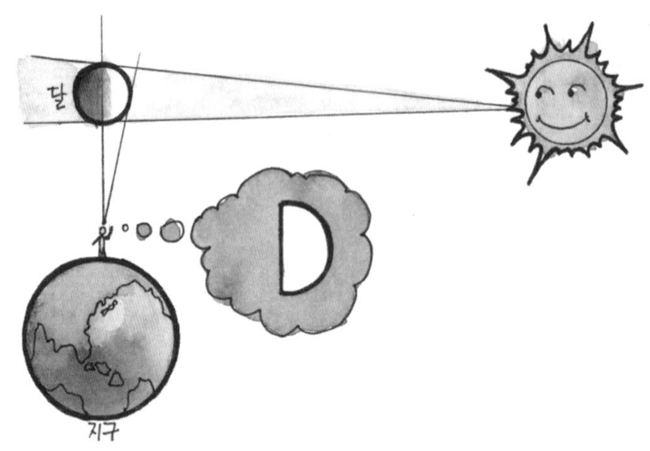

그림2

그 다음날부터 달은 다시 줄어들어 하현달이 되었다가 이윽고 달이 보이지 않는 캄캄한 그믐에 이른다. 다음의 의문에 대한 답을 찾아보자.

1. 달의 모습은 왜 밤마다 변하는가?
2. 달이 떠 있는 위치는 왜 날마다 변하는가?
3. 왜 낮에도 달이 보이는가? 이 낮달은 어째서 늘 반달인가?
4. 초저녁에 서쪽에서 보이는 눈썹 같은 달은 초승달인가 그믐달인가?
5. 새벽에 동쪽에서 보이는 눈썹 같은 달은 초승달인가 그믐달인가?

관찰 방법

1. 저녁마다 밖에 나가 달의 모습을 관찰하고 그림으로 기록한다. 이때 관찰한 날은 양력일과 음력일을 함께 기록한다.
2. 초승달은 음력 몇 일경 몇 시쯤에 어느 하늘에서 (동쪽, 서쪽, 중천 등) 보았는가?
3. 매일 밤 달을 관찰한 시간과, 그때의 달의 모습 그리고 달이 보인 위치를 기록한다 (도표 참조). 혹 날씨가 흐려 관찰할 수 없는 날이 있어도 무방하다. 하루 이틀 사이에 달은 크게 변하지 않는다. 꾸준히 관찰을 계속하자.
4. 잠자리에 들어야 할 시간인데도 달이 떠오르지 않아 관찰하지 못한 날은 새벽에, 또는 낮에 하늘을 살펴보자.

관찰 결과

그림3

달은 스스로 빛을 내지 않는다. 우리가 보는 것은 태양빛에 비친(반사된) 달의 모습을 보는 것이다. 그림1에서처럼 달은 약 28일이 걸려 지구를 한 바퀴 돈다. 그러므로 그 사이에 달의 모습은 그림처럼 변한다. 그림2에서는 태양이 오른쪽에서 비치는 것으로 그렸다. 지구에서 볼 때 달은 흰색 부분만 햇빛이 비치므로 우리는 그 부분만 볼 수 있다. 달이 태양 반대쪽으로 가면 보름달로 보이고, 태양 앞에 위치하면 달이 있어도 전부 그림자만 보이는 (달이 아주 안 보이는) 그믐이 된다.

하현달이 가까워지면 달이 뜨는 시간(월출시간)이 자정을 넘기 때문에 저녁에는 관찰할 수 없다. 그 대신 이 때의 달은 새벽이나 낮에 반달로 보인다. 반달(하현달)은 낮 시간이라도 태양빛 반사 면적이 넓고, 태양과 멀리 떨어진 거의 반대쪽 위치에 있어 희미하게 보인다.

그믐에 가까우면 월출시간이 더 늦어 새벽에 일어나 관찰해야 볼 수 있으며, 날이 새면 태양빛이 너무 밝아 보이지 않게 된다. 이윽고 달이 지구와 태양 사이로 오면 낮에도 밤에도 달이 보이지 않는 그믐이 된다 (실험104를 참고하자).

연구

도시에 사는 많은 청소년들은 별과 달을 관찰하기 어려워 그러한 천체가 있는지조차 잊고 살아간다. 그러나 과학을 좋아하는 청소년은, 달에 대해서 위에서 알아본 것 외에도 상식으로 알고 있어야 하는 것이 많다.

1. 일식과 월식은 달과 무슨 관계가 있는가?
2. 바다의 조석현상은 달과 무슨 관계가 있는가?
3. 달의 운동과 바다의 생물과는 어떤 관계가 있는가?
4. 달이 없다면 지구에 어떤 재앙이 일어날 것인가?

지구는 왜 멈추지 않고 태양의 둘레를 돌까?

— 우주공간에서는 마찰이 없다

준비물

- 직경이 15센티 이상 되는 둥근 화분받침 (또는 그 대용품). 바닥이 유리처럼 매끈한 것일수록 좋다.
- 표면이 거친 마분지
- 연필과 가위
- 유리구슬 (또는 볼베어링) 1개

실험 목적

땅위를 굴러가는 축구공, 멀리 던진 야구공, 돌아가던 팽이, 페달을 밟은 자전거 바퀴 이들 모두는 얼마큼 운동하고 나면 멈춘다. 그러나 지구와 다른 행성들은 수억 년이 지나도 같은 속도로 태양 주변을 그대로 회전하고 있다. 그 이유를 실험으로 알아보자.

 실험 방법

1. 컴퍼스를 이용하여 거친 마분지에 원을 그린다. 원의 직경은 화분받침의 내부 직경과 같게 한다.
2. 가위로 마분지의 원을 잘 도려낸다.
3. 둥근 마분지를 화분받침의 바닥에 깔고, 그 안에 구슬을 놓고 화분받침을 돌려 구슬이 회전하도록 한다.
4. 회전시키는 동작을 딱 멈추고 화분받침을 책상 위에 놓으면 구슬은 얼마쯤 더 돌다가 운동을 멈추는가?
5. 이번에는 바닥의 마분지를 들어내고 맨바닥에 구슬을 놓고 돌린다. 회전시키던 동작을 멈추고 화분받침을 책상에 놓았을 때 구슬은 얼마나 더 구르다가 멈추는가? 어느 쪽의 구슬이 더 오래도록 회전했는가?

 실험 결과

거친 종이 위를 구르던 구슬은 금방 멈춘다. 그러나 종이를 치워버려 바닥이 매끈하면, 마찰이 줄어든 구슬은 더 빠른 속도로 가장자리를 따라 여러 바퀴 더 돌아가다가 멈춘다.

 연구

정지해 있던 물체는 그대로 정지해 있으려 하고, 운동하던 것은 그대로 운동을 계속하려 하는 성질이 있다. 이것을 과학용어로 '관성'이라 한다. 지구상에서 운동하는 물체는 지구의 중력 때문에 그리고 공기나 지면과의 마찰로 인해 운동이 정지하게 된다. 즉 날아가던 돌이 결국 떨어지는 것은 공기와 마찰하여 에너지를 잃고 중력에 끌린 때문이다.

마찰'은 운동을 방해한다. 사람들은 서로 생각이 틀려 옥신각신하게 될 때, '마찰'이 일어났다고 과학의 표현을 쓰기 좋아 한다.

지구가 태양 주위를 끊임없이 수십억 년 운행하고 있는 것은 우주 공간에 공기가 없어 방해할 마찰이 없기 때문이다. 또한 천체들은 끌어당기는 중력이 우주 공간에서 서로 균형을 유지하고 있기 때문에 일정한 위치에 있다.

만일 태양과 지구 사이의 중력에 균형이 깨어진다면 어떤 현상이 일어날 수 있을까?

행성의 공전 주기는 왜 서로 다른가?

— 태양에서 멀수록 공전 주기는 길어진다

- 직경 1센티미터 정도의 와셔 (또는 작은 너트) 1개
- 길이 1미터 정도의 질긴 실

실험 목적

태양의 둘레에는 수성, 금성, 지구, 화성, 목성, 토성 등 9개의 행성이 돌고 있다. 이들 중 태양에 제일 가까운 수성은 88일 만에 태양의 둘레를 돌고 (공전주기), 가장 먼 명왕성은 248년 하고도 6개월쯤 더 걸린다. 거리가 멀면 공전주기가 더 길어지는 이유를 실험해보자.

실험 방법

* 이 실험을 할 때 옆에 누가 있으면 다치게 할 위험이 있으므로 안전을 위해 혼자서 해본다.

1. 1미터 길이의 실 끝에 와셔 (또는 너트)를 풀어지지 않도록 단단히 맨다.
2. 손으로 실의 끝을 잡고 팔을 쭉 뻗고 돌리는데, 처음에는 짧게 잡고 빙빙 돌린다.
3. 차츰 실의 길이를 늘이며 빙빙 돌려본다.
4. 마지막에 줄 끝을 잡고 돌려본다.
5. 줄의 길이가 짧을 때와 길 때, 어느 쪽이 1회전하는데 긴 시간이 걸리나?

실험 결과

줄이 짧을 때는 와셔는 손목 주위를 빠르게 돌아야 한다. 만일 회전속도를 줄이면 금방 아래로 내려가 버린다. 반면에 줄이 길어지면 팽팽한 상태로 한바퀴 도는데 훨씬 긴 시간이 걸린다.

연구

태양과 거리가 가까운 천체는 태양 중력의 영향을 강하게 받기 때문에 지금보다 느리게 공전하면 태양에 끌려가고 만다. 반면에 멀리 있는 천체는 중력의 영향이 적어 천천히 돌아야 제 궤도를 유지할 수 있다.

만일 지구가 지금보다 더 빠른 회전 속도로 공전한다면, 예를 들어 350일 만에 태양 주위를 한 바퀴 돈다면, 지구는 원심력이 커져 지금의 궤도에 머물지 못할 것이다.

참고로 태양 둘레를 도는 각 행성의 공전주기를 알아보자.

수성 : 88일	금성 : 224일	지구 : 365일(1년)
화성 : 약 1.9년	목성 : 약 11.9년	토성 : 약 29.5년
천왕성 : 약 84년	해왕성 : 약 165년	명왕성 : 약 248.5년

101 우주가 확대되는 모양을 실험으로 상상해보자

— 무한대의 우주는 지금도 넓어지고 있다

- 직경 20센티미터 이상 커지는 고무풍선
- 검은색 사인펜
- 거울

실험 목적

은하계 사진을 보면 태풍의 소용돌이처럼 보인다. 이것은 수백억 개의 별(항성)이 모여 있는 거대한 별의 덩어리 모습이다. 지구를 비춰주는 태양은 은하계 속의 수천억 개의 별 가운데 하나일 뿐이다. 이 우주는 이런 은하계들이 또다시 수천억 개나 들어 있는 무한히 큰 세계이다.

과학자들은 이 거대한 우주의 규모가 점점 더 커지고 있다고 믿는다. 우주가 확대되는 모습을 풍선을 이용한 실험을 통해 상상해보자.

실험 방법

1. 고무풍선을 사과 크기 정도로 조그마하게 분다.
2. 작은 풍선 전체에 검은 사인펜으로 여기저기 점을 20개쯤 찍는다.
3. 거울 앞에 서서 이 작은

풍선을 크게 불면서 표면에 표시한 검은 점이 어떤 상태로 서로 멀어지면서 확대되는지 관찰하자.
검게 찍은 점의 크기가 차츰 확대되는가?
점과 점 사이의 거리가 점점 멀어지는가?
풍선이 커지는 동안 서로 가까워지는 검은 점이 있는가?

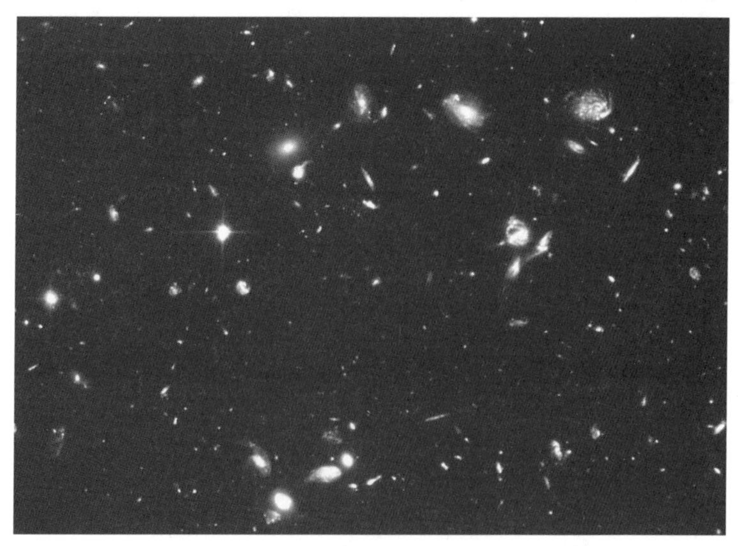

여러 개의 은하계가 보이는 사진

실험 결과

사과 크기의 고무풍선 표면에 찍은 검은 점 하나를 수억 개의 별이 모인 은하계 하나라고 생각하자. 풍선을 불면 점의 크기도 확대될 뿐 아니라 점과 점 사이의 거리도 멀어진다. 풍선을 부는 동안 모든 점들이 서로 멀어지기만 할 뿐 가까워지는 점은 하나도 없다.

연구

이 우주는 풍선이 부풀어가는 것과 비슷한 모양으로 지금도 확대되고 있다. 풍선 실험을 하면서, 풍선 내부 중앙의 공간에도 여기저기 입체적으로 점을 찍어놓았다고 상상해보자. 풍선을 불면, 풍선 중심 쪽과 외부 쪽의 모든 점들이 서로 멀어져갈 것이다. 이때 풍선의 중심 가까이 있는 점들보다는 바깥쪽에 있는 점들은 멀어지는 거리가 더 클 것이다. 우주는 이런 모습으로 확장되고 있다.

에드윈 허블이라는 위대한 천문학자는 은하계들을 관찰하고 연구한 결과 1929년에 "이 우주는 점점 팽창하고 있다."는 사실을 처음 발표했다. 천문학자들의 연구에 의하면, 우주 제일 바깥쪽 점(은하계)들은 현재 빛이 달리는 것과 비슷한 속도로 확대되고 있다고 믿는다. 미국이 우주공간에 설치한 우주천문대의 이름을 '허블 우주천문대'라고 부르는 것은 천문학자 허블의 위대한 공로를 기린 것이다.

지구의 질량중심은 어디쯤일까?

— 질량중심은 지구와 달을 합친 것의 무게중심

- 가위와 자
- 끈
- 연필
- 공작용 점토

실험 목적

지구는 태양의 둘레를 돌고 있는데, 혼자만 도는 것이 아니라 항상 달을 옆에 끼고 선회한다. 지구의 무게중심은 지구의 중앙에 있을 것이고, 달의 무게중심은 달의 한가운데에 있을 것이다. 그러면 태양 주위를 한 덩어리가 되어 운동하고 있는 지구와 달의 무게중심은 어디일까? 달과 지구 두 천체를 합친 무게중심을 '질량중심'이라 말한다.

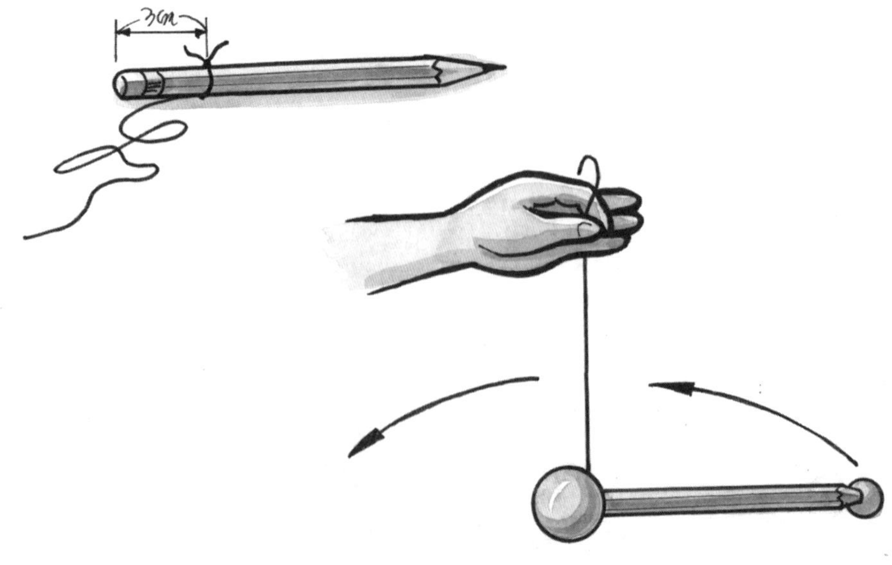

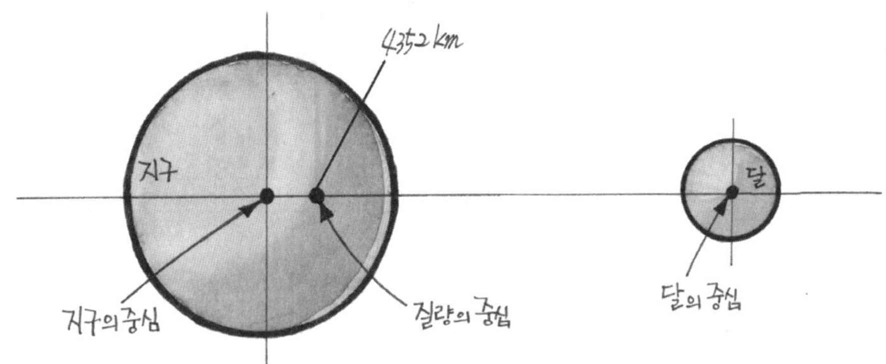

 **실험 방법**

1. 실이나 끈을 30센티미터 정도 길이로 잘라낸다.
2. 이 실로 연필의 끝 3센티미터 되는 부분을 단단히 맨다.
3. 실을 묶은 연필 끝 부분에 자두 정도 크기로 둥글게 뭉친 점토를 실이 파묻히도록 그림처럼 붙인다. 이것은 지구의 대용이다.
4. 포도알맹이 크기로 뭉친 점토를 연필의 끝에 끼운다. 이것은 달을 대신한다.
5. 실의 끝을 손으로 집어 들어보자. 지구와 달을 연결한 연필이 어느 한쪽으로 기울어지면, 한쪽의 점토를 더하든 줄이든 하여 연필이 수평을 이루도록 한다.
6. 이렇게 점토로 만든 지구와 달의 모형을 보면서 질량중심이 어디인지 생각해보자.

 **실험 결과**

점토를 더하거나 들어내거나 하여 지구와 달을 연결한 연필이 평형을 이루었을 때, 실이 묶여있는 위치가 바로 지구와 달의 질량중심이다.

연구

질량중심을 삽은 실의 끝을 들고 손가락으로 달만 살짝 밀어 돌려보자. 달은 이처럼 지구의 둘레를 돌고 있다. 지구와 달의 질량중심이 되는 위치는 지구가 자전하고 있기 때문에 질량중심 위치도 회전한다.

지구와 달의 질량중심은 달을 정면으로 향하는 쪽으로 지하 4,352킬로미터 되는 지점에 있다. 달이 지구의 둘레를 도는데 걸리는 기간은 음력 1개월이고, 이런 모습으로 지구와 달이 태양의 둘레를 한바퀴 완전히 선회하는 데는 1년이 걸린다.

103 남극과 북극은 왜 추울까

— 화성의 남북극도 얼음으로 덮여 희게 보인다

- 같은 모양의 연필 2자루
- 흰 종이
- 각도기
- 원을 그릴 때 쓰는 제도 컴퍼스

 실험 목적

지구상에서 가장 추운 곳은 남극과 북극지방이다. 마찬가지로 화성의 표면도 북극과 남극은 얼음으로 덮여 있다. 남극과 북극이 추운 제일 큰 이유는 태양빛을 비스듬히 받기 때문이다. 태양빛이 경사지게 비추면 왜 에너지를 적게 받는지 실험으로 확인해보자.

 실험 방법

1. 종이에 컴퍼스로 그림1과 같이 지름 20센티미터 정도의 반원을 그린다. 이

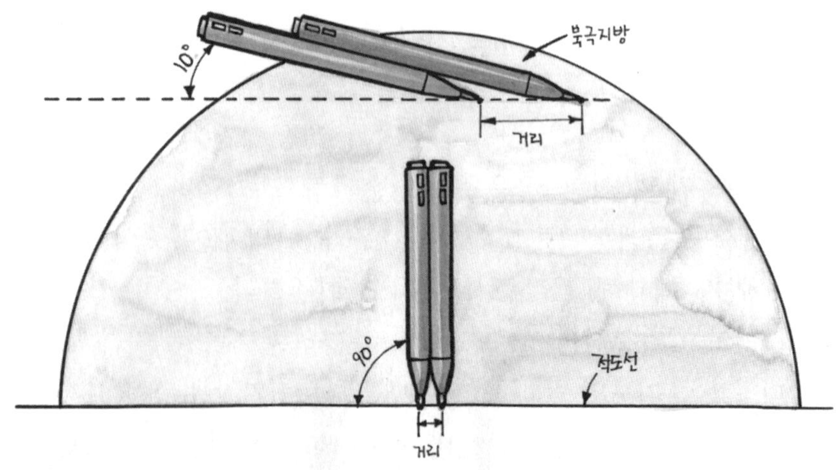

그림1

원의 중심을 지나는 수평한 선을 적도라고 생각하자.

2. 볼펜 두 자루를 나란히 붙인 상태로 적도선 상에서 직각(90도)으로 세우고, 볼펜심이 닿는 곳을 진하게 표시하자 (그림1 아래).
3. 북극 부분에 적도와 평행하게 선을 긋는다.
4. 이 선상에 볼펜 2개를 서로 붙여서 10도 각도가 되도록 뉘어보자 (그림1 위).
5. 두 볼펜의 심이 놓인 위치에 각각 점으로 표시를 하자.
6. 적도선 상의 두 점 사이의 거리와, 10도 각도로 뉜 선상의 두 점 사이의 거리를 자로 재어 비교해보자.

실험 결과

10도 각도로 뉜 볼펜의 두 심 사이의 거리가 훨씬 멀다. 즉 적도상에서는 태양에너지를 집중적으로 받을 수 있지만, 남극과 북극지방에서는 태양이 비스듬히 비치기 때문에 같은 면적이라도 조금밖에 에너지를 받지 못한다.

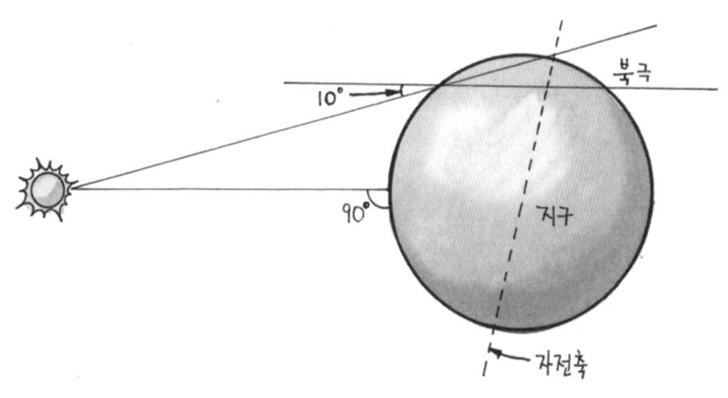

그림2

연구

빛이 비스듬히 비치면 약한 빛을 받게 된다. 정오에 머리 위에서 빛나는 태양과 아침이나 저녁에 비스듬히 비치는 햇빛의 열기를 비교해보아도 알 수 있다. 손전등을 들고 마루바닥을 수직으로 비출 때와 비스듬히 비출 때의 밝기를 비교해보면 더 간단히 알 수 있다.

실제로 지구의 남북극 지역은 적도면에서보다 2.5배나 빛을 적게 받고 있다. 지구만 아니라 화성의 남극과 북극도 비스듬하게 빛을 받기 때문에 적도지역보다 기온이 낮다. 그래서 화성의 표면은 대부분이 황량하고 물을 찾을 수 없지만, 남극과 북극에는 얼음으로 덮인 지대가 있다.

달의 얼굴이 매일 밤 달라지는 이유

— 달은 태양에 비친 부분만 우리에게 보인다

- 전등불을 켜놓은 방의 문밖
- 사과 크기의 하얀 스펀지 공 (또는 스티로폼 공)
- 연필

실험 목적

달은 초승달, 보름달, 그믐달처럼 매일 밤 그 모습이 다르게 보인다. 달의 모양이 변하게 되는 이유를 실험으로 알아보자.

실험 방법

1. 둥근 스펀지 공에 연필을 꽂아 손잡이로 한다. 이 공을 달이라고 생각하자.
2. 방안의 불빛이 문밖으로 비치는 곳으로 이 공을 들고 나간다.
3. 공을 자기 머리보다 약간 높은 곳에 들고, 공에 전등불이 비치도록 한다.
4. 스펀지 공은 그 자리에 있게 하고, 자신이 공 주변을 천천히 돌아가면서 스펀지 공의 밝은 부분과 그늘진 곳을 관찰하자. 어떤 모습으로 변하여 보이는가?

실험 결과

공을 그 자리에 두고 그 주변을 돌면서 흰 공을 관찰하면, 전체가 동그랗게 보일 때도 있고, 왼쪽만 또는 오른쪽만 일부 보이기도 한다. 공을 앞으로 하고 전등불을 마주 보는 위치에 오면 공은 그림자만 보인다. 반대로 전등불을 등지고 공을 정면으로 보면 동그란 공은 보름달처럼 보이게 된다.

연구

우리에게 비치는 달 (스펀지 공)의 모습이란 태양빛 (전등불)에 반사된 부분만을 보고 있는 것이다. 우리가 공을 바라보는 위치에 따라 공은 밝은 부분과 그늘진 부분을 다른 모습으로 보여준다.

지구와 태양 사이에 달이 놓이면, 태양빛을 전부 태양 쪽으로 반사하는 위치에 있으므로, 그때는 달이 있어도 보이지 않는 그믐이란 것을 알 수 있다.

1. 초승달 또는 그믐달일 때는 달의 나머지 둥근 부분이 희미하게 보이는데 그 이유는 무엇일까?

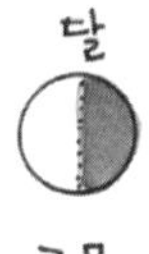

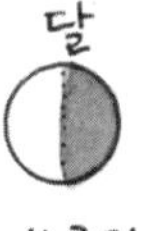

105 별 관측을 방해하는 빛의 공해

— 빛 공해는 밤하늘의 별이 보이지 않게 한다

- 자동차와 도와줄 어른
- 손전등
- 글씨를 쓸 흰 마분지
- 검은 종이, 또는 은박지
- 어두운 밤

실험 목적

대도시에 사는 사람들은 밤이 되어도 하늘에서 별을 찾기가 어렵다. 그러나 같은 시간에 시골 산속에 사는 사람들은 수없이 많은 밤하늘의 별을 볼 수 있다. 대도시에서 별이 잘 보이지 않는 것은 주변에 가로등, 네온사인, 자동차 헤드라이트, 빌딩의 불빛 등이 너무 밝기 때문이다. 주변의 밝은 빛 때문에 밤하늘의 별이 보이지 않게 되는 현상을 '빛의 공해' 또는 '광공해'라고 말한다. 해가 지고 어두워진 뒤, 광공해가 어느 정도인지 실험으로 확인해보자.

실험 방법

1. 반반한 흰 마분지에 시력검사를 할 때처럼 글씨를 쓴다. 위는 큰 글씨, 아래로 가면서 작은

글씨를 쓴다.

2. 글자판 뒷면에 빛이 투과하지 못하도록 검은 종이나 은박지를 붙인다.
3. 자동차의 헤드라이트 쪽에 부모님이 글씨 쓴 종이를 들고 선다. 여러분은 헤드라이트를 바라보며 6~8미터 쯤 떨어진 곳에서 관찰한다.

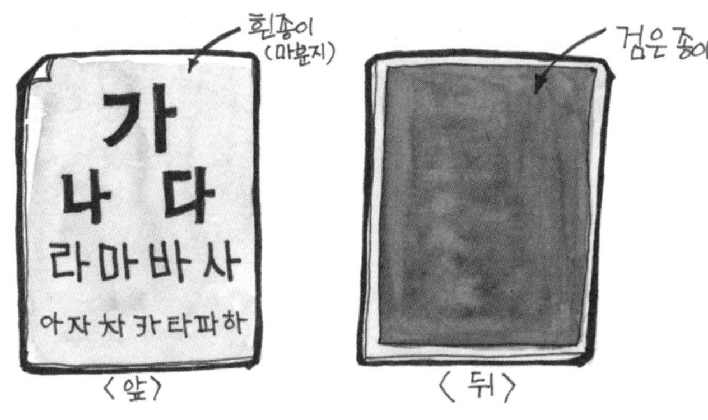

4. 자동차의 헤드라이트를 끈 상태에서 부모님이 들고 있는 종이에 손전등을 비추며 글씨를 읽는다. 잘 보이는가? 제일 작은 글씨가 겨우 보일 정도까지 먼 거리에 서자.
5. 이번에는 그 자리에서 헤드라이트(전조등)를 켜게 하고, 손전등을 비추며 글자를 읽어보자. 먼저처럼 작은 글씨가 잘 보이는가?

실험 결과

자동차의 헤드라이트를 끈 상태에서는 모든 글씨를 다 읽을 수 있었으나, 전조등을 켜놓으면 제일 크게 쓴 글자조차 잘 보이지 않게 된다.

연구

광공해가 없는 시골이라면 맨눈으로 6등성의 어두운 별까지 수천 개의 별을 볼 수 있다. 그러나 큰 도시의 밤하늘에서는 가장 밝은 1등성조차 겨우 몇 개만 보일 정도가 된다. 그래서 별을 관측하는 천문대는 도시에서 멀리 떨어진 광공해가 없는 높은 산꼭대기에 세운다. 우리도 천체를 관찰할 때는 주변에 빛이 없는 장소에서 해야 좋다.

처음 영화관에 들어가면 약 5분 동안 좌석이 보이지 않는다. 이것은 우리 눈이 어둠에 적응하는 '암적응'에 시간이 걸리기 때문이다. 한편 주변이 밝으면 눈은 밝은 부분만 느끼기 때문에 어둠 속의 약한 빛을 보지 못한다.

지층의 탐사 방법을 알아보자

— 지층의 구조와 암반을 조사하고 광물을 찾아낸다

- 여러 색으로 층을 지어 만든 색떡
- 음료수 스트로
- 끝이 뾰족하고 작은 손톱가위

 실험 목적

깊은 땅속이나 해저 암반의 구조라든가, 지하에 묻혀 있는 광물을 조사하려면 '플런저'라고 부르는 속이 빈 파이프를 수직으로 밀어 넣었다가 그대로 뽑아내어 그 내용물을 조사하는 방법을 쓴다. 지하를 조사할 때 쓰는 플런저의 원리를 알아보자.

 실험 방법

1. 지층처럼 여러 층으로 된 색떡이나 젤리 과자를 준비한다.

2. 직경이 굵은 스트로를 수직으로 세우고 떡 속으로 빙글빙글 돌려가며 밀어 넣는다.
3. 스트로를 뽑아내어 편편한 쟁반 위에 놓고, 끝이 가느다란 손톱가위로 스트로를 길이대로 잘라 그 안의 떡(코어)을 조심스럽게 드러낸다.
4. 뽑아낸 코어의 모양을 실제 떡의 층과 비교해보자.

실험 결과

스트로를 빙글빙글 돌리며 파 들어가면, 내부 구조를 거의 파괴시키지 않고 실제 모습 그대로 표본을 깨끗하게 채취할 수 있다.

연구

과학자들은 지하의 광물을 조사하거나, 해저 지층의 석유 매장지를 찾거나 할 때 플런저를 사용한다. 파이프가 파고 내려가면 지하의 내용물이 깊이에 따라 고스란히 파이프 속에 담기게 된다. 이것을 '코어 표본'이라고 하는데, 코어를 조사하면 지층의 구조와 성분 (석탄이나 광물 등)을 알 수 있다.

과학자들은 필요에 따라 파이프를 연결하면서 수천 미터까지 파내려간다. 남극기지 등에서는 깊은 곳의 빙하도 이런 방법으로 조사하여, 수천 년 전의 기상이라든가 당시에 공기 중에 있던 미생물이나 꽃가루를 조사하고 있다. 최근에는 무인 우주탐험선이 이런 방법으로 화성이나 다른 천체의 지층을 조사한다.

코어 표본을 채취하기 위해 땅속으로 밀어 넣는 쇠로 된 원통형의 플런저는 긴 조개를 열 듯이 좌우로 젖혀 코어를 다치지 않고 내용물을 꺼낼 수 있도록 만들어져 있다.

화산 폭발과 용암 분출

— 지하 깊은 곳에는 왜 뜨거운 용암이 있나?

- 반쯤 남은 치약 튜브

실험 목적

지하 깊은 곳에 있는 암석과 광물이 고열에 녹아 있는 것을 용암이라고 한다. 온천지대는 용암이 땅 표면 가까운 곳까지 올라와 있기 때문에 뜨거운 물이 솟아오르는 지대이다. 화산이 폭발하면 붉은 용암이 분출하여 새롭게 산을 만들거나 섬을 탄생시키기도 한다. 용암이 지하에서 움직이는 모양을 치약튜브를 통해 짐작해보자.

실험 방법

1. 치약 튜브의 마개를 잘 닫고 두 손으로 쥔다.
2. 엄지와 다른 손가락으로 치약튜브를 이리저리 눌러보자.
3. 튜브를 누를 때마다 치약이 이리저리 움직여 다니는 상태를 손으로 느껴보자.
4. 치약 튜브의 뚜껑을 열고 손으로 튜브를 꽉 누르면 어떤 현상이 일어날까?

실험 결과

치약 튜브의 한쪽을 누르면 액체상태인 치약은 압력이 적게 미치는 곳으로 이동한다. 뚜껑을 열고 튜브를 누르면 치약은 용암처럼 솟아나와 흘러내리게 될 것이다.

연구

대기 중에서 기상변화가 항상 일어나듯이, 땅속의 용암(마그마)이 녹아 있는 곳에서도 여러 가지 이유로 압력의 변화가 생긴다. 그때마다 용암은 이리저리 움직이게 된다. 만일 땅 속에 지상으로 통하는 빈틈이 있다면 용암은 그 틈새로 밀고 올라와 지상으로 솟아나오게 된다.

뜨거운 용암 속에는 많은 가스도 포함되어 있다. 지상으로 솟아나온 용암이 식은 뒤에 가스들이 빠져 나가버리면 그 빈자리는 구멍이 생기며, 그 규모가 크면 크고 긴 굴이 된다. 제주도에서 볼 수 있는 '용암동굴'은 이렇게 하여 생긴 것이다.

지구의 내부는 왜 모든 것이 녹아버리도록 뜨거울까? 과학자들은 우라늄과 같은 방사성물질이 지구 내부에서 붕괴되면서 열을 내기 때문이라고 생각한다. 지구 중심부의 온도는 약 4,000도에 이르며, 너무 뜨거워 새하얀 빛을 내고 있다.

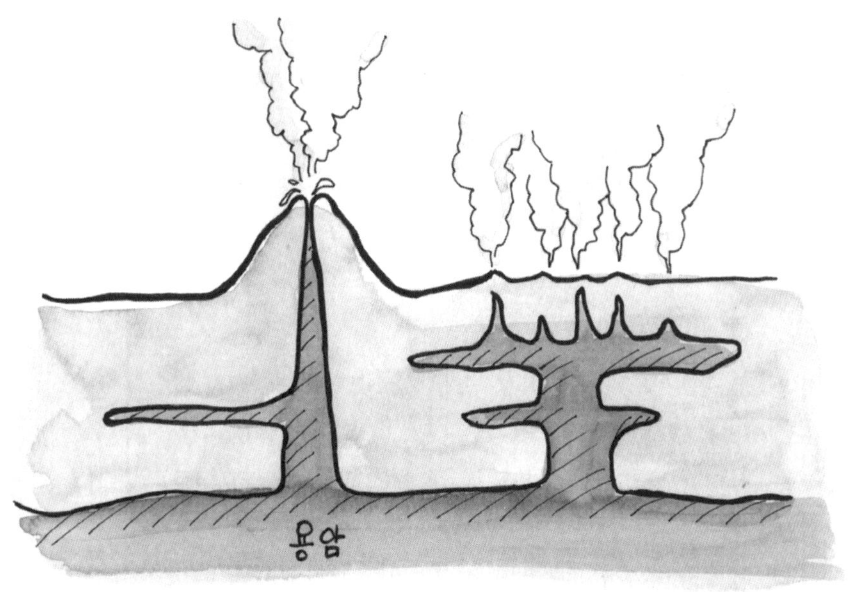

바람과 구름이 가진 에너지

— 폭풍은 엄청난 에너지를 가졌다

- 번개가 치고 폭풍우가 온 날
- 연필과 기록장
- 라디오

관찰 목적

지구상에서는 쉬지 않고 번개, 뇌성, 바람, 태풍, 회오리바람과 같은 기상현상이 일어나면서 엄청난 힘(에너지)을 발휘하고 있다. 이러한 기상현상은 지구를 덮고 있는 공기가 태양에너지에 의해 이동하기 때문에 생기는 것이다. 전 지구상에서는 1초에 평균 100번 정도 번개가 치고 있다. 각 번개는 약 1억 볼트의 전기를 가지고 있으며, 번갯불이 흐르는 곳은 온도가 섭씨 약 3만도에 이른다. 지구상에서는 이 같은 기상현상이 왜 일어나며, 그들은 얼마나 큰 에너지를 가지고 있을까?

관찰 방법

번개가 치고 폭풍이 불며 폭우가 내릴 때 창밖을 내다보며 다음 사항을 관찰해보자.

1. 태극기와 같은 깃발, 줄에 널린 빨래 등이 얼마나 소리 내며 흔들리는가?
2. 공장 굴뚝의 연기는 똑바로 오르고 있는가, 수평으로 흐르는가, 사방으로 흩어지고 있는가?
3. 호수나 바닷가의 모래가 얼마나 심하게 날리고 있으며, 수면의 파도는 얼마나 거칠어졌나?
4. 빗방울은 직선으로 떨어지는가 아니면 비스듬히 날리고 있는가?
5. 번개는 어떤 모습으로 번쩍이며, 매우 밝게 빛난 큰 번개를 본 후 몇 초쯤 지났을 때 커다란 천둥소리가 들렸는가?
6. 번개가 칠 때 라디오에서는 어떤 잡음이 나는가? 그 이유는 무엇일까?
7. 창문을 조금 열었을 때 문틈으로 들어오는 바람이 어떤 소리를 얼마나 크게 내는가? 그 소리는 왜 나는가?

관찰 결과

적당히 부는 바람은 연을 공중에 뜨게 하고, 게양대에 달린 태극기가 아름답게 휘날리게 한다. 그러나 비와 함께 부는 바람이 강해지면 폭풍우가 된다. 특히 강한 폭풍은 사람들을 두렵게 하고 인명과 재산에 큰 피해를 주기도 한다. 번개가 치면 강한 정전기의 영향으로 전파가 발생하기 때문에 그 전파를 수신한 라디오는 그때마다 찍찍거리는 잡음을 낸다.

연구

폭풍우가 쏟아지는 날, 들판이나 초원 등에서 사람이나 가축이 벼락을 맞는 일이 종종 있다. 높은 건물 꼭대기 마다 설치한 피뢰침은 구름의 정전기가 땅으로 흘러 들어가도록 만든 벼락 방지 시설이다. 번개가 심한 시간에는 전기선이나 전기기구를 만지지 않는 것이 안전하며, 유선전화기를 사용해도 위험할 수 있다. 번개가 아주 가까이 올 때는 창가에 가까이 있지 않는 것이 안전하다.

지구의(지구본) 위에서 하는 지구 탐험

— 남극과 북극을 오가며 지구와 우주를 관찰해보자

- 지구의 (문방구에서 판매하는 지구의)
- 세계지도

관찰 목적

아주 옛날 사람들은 지구의 모양을 여러 가지로 상상했다. 지구가 둥글다는 것, 지구가 태양의 둘레를 돌고 있다는 것, 세계를 항해하고 탐험하여 지구상의 육지와 바다의 지도를 그려낸 것 등은 엄청난 과학과 탐험의 역사였다. 지구의는 집에 꼭 있어야 할 학습도구의 하나이다.

지구의에는 지구상에 있는 각 나라의 육지 모양과 함께 각 지역의 위치를 나

타내는 위도와 경도가 표시되어 있다. 위도는 지구를 가로로 180도, 경도는 세로로 360도 나눈 눈금이다. 또한 지구의에 그려진 바다에는 대강의 깊이까지 표시되어 있다.

지구는 적도를 중심으로 그 북쪽을 북반구, 남쪽은 남반구라 부른다. 지구의를 돌려보며 세계의 육지와 바다의 모습, 지구가 기울어진 상태로 자전한다는 것, 북반구와 남반구에서 보는 하늘의 모습이 다르다는 것, 비행기나 선박으로 세계여행을 하는 지름길 등을 공부해보자.

관찰 방법

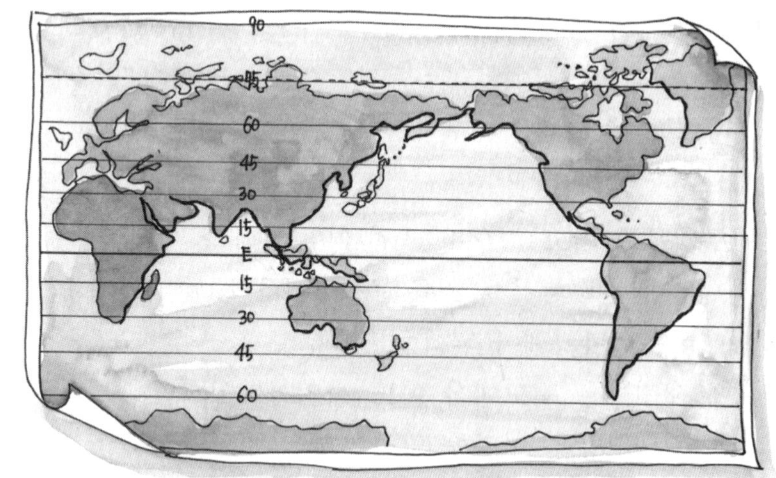

1. 지구의의 회전축이 왜 기울어지도록 만들었는지 그 이유를 생각해보자.
2. 사계절이 여름인 적도에 위치한 나라들과 그 지형을 관찰해보자.
3. 적도의 위도는 0도이고, 그 북쪽은 북위, 남쪽은 남위로 표시한다. 북위 90도는 북극이고, 남위 90도는 남극이다. 서울의 위도는 북위 몇 도인가?
4. 지구 둘레를 세로로 360도 나눈 것을 경도라 하며. 경도가 0도인 곳으로부터 동쪽은 동경, 서쪽은 서경으로 표시한다. 서울의 경도는 몇 도인가?
5. 북극에 서서 하늘을 보면 남극 쪽의 하늘을 볼 수 있을까? 남극 하늘에는 북반구에서 볼 수 없는 어떤 별자리가 있을까?
6. 세계지도를 펴놓고 지도상의 지형과 지구의에 그려진 지형을 서로 비교해보자. 특히 남극과 북극에 가까운 위도의 지형은 왜 크게 다른 모습으로 그려져 있는지 그 이유를 공부해보자.

 **관찰 결과**

지구의에는 각 나라의 국경선을 중심으로 그린 것과, 세계의 지형(산악, 숲, 사막, 초원, 설원 지대 등)을 알아보기 좋게 그린 것이 있다. 지구의를 살 때는 국경과 지형을 모두 나타낸 것이 공부에 도움이 된다.

지구의를 처음 보는 사람은 그 구조에서부터 매우 신기함을 느낀다. 지구의 자전축이 23도 기울어진 때문에 사계절이 바뀔 수 있음을 확인해보자.

경도가 0도인 곳은 영국의 그리니치 천문대가 지나는 곳이다. 서울은 이곳에서 동쪽으로 127도 위치에 있으며, 적도로부터 북위 37.5도 위치에 있다.

북반구에 속하는 우리나라에서는 남반부의 하늘 일부를 볼 수 없다. 북반구 하늘에서는 북두칠성이 있는 '큰곰자리'가 대표적인 별자리이고, 남쪽하늘에서는 '남십자성자리'가 대표 별자리이다. 그러나 우리나라에서는 이 별자리를 관찰하지 못한다.

 **연구**

지구의를 가지고 있으면 과학뿐만 아니라 세계의 지리와 역사 공부가 재미있어진다. 국제적인 사건 뉴스를 들을 때마다 지구의에서 그곳을 찾아보면 순식간에 세계여행을 하는 셈이 된다.

1. 열대지방은 적도에서 어느 범위까지일까?
2. 아열대지방은 어디를 말하는가?
3. 온대지방과 한대지방을 살펴보자.
4. 바다는 육지보다 얼마나 더 넓을까?
5. 서울에서 세계 각 도시로 가는 비행로를 알아보자.
6. 지구의를 자전방향으로 돌리면서 경도에 따라 하루의 시간이 어떻게 다른지 부모님에게 물어보자. <예 : 서울의 아침 9시는 뉴욕에서는 몇 시인가?>
7. 북극지방(또는 남극지방)에 겨울이 오면 태양이 보이지 않는 밤이 왜 반년이나 계속되는지 지구의를 보며 생각해보자.

마분지로 만드는 종이 보안경

— 보안경은 실험공작 때 눈을 보호해준다

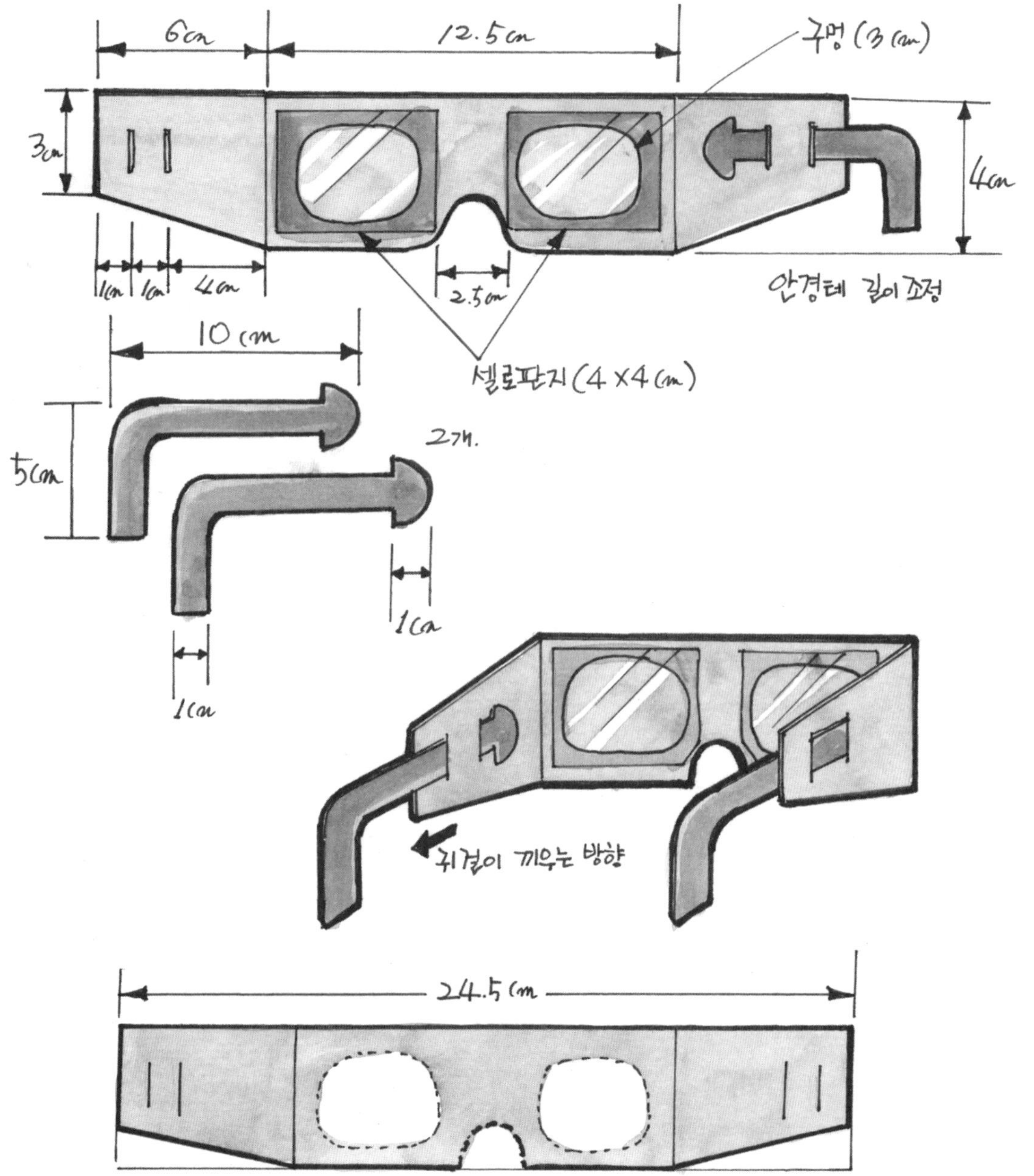

6cm
12.5cm
구멍 (3 cm)
3cm
4cm
1cm 1cm 4cm
2.5cm
안경테 길이 조정
10 cm
셀로판지 (4 × 4 cm)
5cm
2개.
1cm
1cm
귀걸이 끼우는 방향
24.5cm

혼자 해보는 어린이 과학실험

〈실험으로 과학의 원리를 배운다〉

찍은날 2004년 11월 20일
펴낸날 2004년 12월 1일

지은이 윤 실
그 림 김승옥
펴낸이 손영일

펴낸곳 전파과학사
출판 등록 1956. 7. 23(제10-89호)
120-824 서울 서대문구 연희2동 92-18
전화 02-333-8877 · 8855
팩시밀리 02-334-8092

ISBN 89-7044-240-5-63400

Website www.s-wave.co.kr
E-mail s-wave@s-wave.co.kr